DO
.com世代的生活便利情報指南

我家狗狗吃得比我好

寵物營養學 × 中醫體質養生 × 自然療法

寵膳媽媽教你自己動手做，毛小孩吃得最健康！

寵膳媽媽 陳蓁 ——著

推薦序

一本有溫度、有內容的工具書

嬌寵醫生APP創辦人 **陳正倫**

我是獸醫師，接受西方醫學的訓練近十年，一年前經由寵物營養師課程的同學介紹認識了作者陳蓁姐，她認養一隻只剩三條腿、雙眼角膜破損的老吉娃娃犬望望，而我認養了一隻因車禍而後軀癱瘓無法自行大小便的2個月米克斯幼貓。她想要透過中醫照顧望望的經驗結合膳食調理的方式來改善毛小孩的健康，而我想透過我的醫療專業，結合行動科技來改變毛小孩的醫療環境，處境相似的我們一拍即合，經常討論毛小孩健康福址。

雖然我不懂中醫理論，但近年來中獸醫的發展快速，在臨床上對於慢性病、腫瘤、癌症等疾病，用中獸醫及食療等這類輔助替代療法已有不少顯著的臨床實證，中醫理論看診是透過「望、聞、問、切」，用藥注重陰陽五行、以「君、臣、佐、使」為搭配規則，讓早早就想嘗試毛孩食療食補的我，也在認識作者後常常動手做鮮食給毛孩們吃。

書中的食譜大多是寵物營養學裡常見的食材，這些食譜除了可以顧及毛孩膳食的口感及營養外，也讓我了解到中獸醫食療的奧妙，以及毛小孩眾多食材的調理方法，而因為膳食的調整，我也深深感受到我家兩隻毛小孩對每一餐是多麼期待。

作者以對吉娃娃望望的承諾完成了這本書，一本有溫度、有內容的工具書。

相信我，偶爾撥一點時間，為了牠，看一本好書、動手做一餐好膳食，絕對值得。

推薦序

選擇你們方便，毛小孩也喜歡的最佳鮮食！

藝人 **陳珮騏**

現在許多人都把毛小孩視為家人，所以對於毛小孩的飲食也相當注重。

如果我們會建議人們不要吃這麼多再製品，那麼毛小孩是否也應該要跟我們一樣吃新鮮的食物呢？

從日本開始發酵的鮮食概念，在台灣也漸漸廣受人們的推崇，這本鮮食書我自己也相當的推薦，我也曾經為大家介紹過我自己做的鮮食，每一家品牌的鮮食都有些許的不同，建議讀者可以擷取各家的精華，去選擇你們方便，毛小孩也會喜歡，屬於你們自己的鮮食。

自序

無聲的承諾

2012 年，有一天，我的臉書突然傳來一封網友的私訊 :「請問妳願意認養望望嗎？已經快 2 個月了，還是沒有人願意認養牠，可是我最近要接另一隻大狗進來，如果真的沒人認養的話，只好考慮把牠送到收容所⋯⋯」

望望是隻老吉娃娃，被原來的主人棄養後又遭遇車禍、截肢且雙眼角膜破損，我看到網路上開放認養牠的訊息十分不忍，因此留言「如果有人願意認養望望，我無償提供寵物服一輩子」，同時幫忙轉發訊息。一個月後，仍遲遲等不到有意認養者，讓現在的中途感到憂心。

看到「送回收容所」這句話，我的心動搖了！但是家裡已有兩隻狗，工作上又忙得不可開交，實在沒有多餘的心力照顧望望⋯⋯況且，如果牠有車禍後遺症怎麼辦？

可是好不容易救活的孩子，怎麼樣也不能眼睜睜地看著牠去送死吧！於是我抱著忐忑不安的心情，認養了望望。當籠子打開的那一刻，看著牠只有三隻腳、一副纖弱又鬱鬱寡歡的模樣，我開始不知所措，擔心自己能不能好好照顧牠，還有家裡的兩個小傢伙會不會欺負牠？但當我伸出手抱住牠之後，才發現牠好輕、好瘦小，眼神空洞，彷彿透露出對於未來的茫然。

帶望望回到家後，我發現因為失去左後腳，身體無法適應平衡，常常一尿尿就滑倒，而且天天血便連腸黏膜都拉出來，滿口爛牙又挑嘴不愛吃飼料，加上角膜破損只能歪著頭看前方，雖然狀況百出，也讓我好心疼⋯⋯因為看了幾次獸醫都沒辦法解決血便的問題，我只好上網查閱國內外各種有關狗狗營養學資料及書籍，結果發現很多說法不一，只能自己親身實證才知道。

透過獸醫師幫忙轉介，我找到一家專科醫院替望望進行眼睛治療。原本以為手術費大約幾千元吧！沒想到第一次手術近 5 萬，摸摸口袋，我一邊傷腦筋下個月房租在哪裡，一邊苦思到底要去哪裡籌措這筆龐大的手術費呢！?

雖然心裡充滿了挫敗感，但我告訴自己：「既然認養了望望，牠就是我的家人，無論如何，我絕不會輕易放棄！」我相信不管日子再怎麼難熬，一定有辦法可以克服難關！

幸好，從望望中途開放認養後，有不少粉絲持續追蹤牠的消息，知道牠來到我家，紛紛捎來了關心，替我打氣，甚至住在國外的粉絲，還在舉辦懇親會時特地回國探望牠。

由於家裡三個寶貝會隨時隨地大小便，因此每天的衛生用品消耗量很大，我靈機一動，找到一家老字號的衛生紙工廠合作，在網路上發起了團購，利用盈餘，不但繳清了望望的手術費，還可以舉辦愛心回饋活動，捐助弱勢狗園或中途之家。

可惜第一次眼睛手術後，望望的恢復狀況並不理想，醫師建議做第二次手術治療。天啊！好不容易才把第一次手術費付清，我要如何應付另一筆接踵而來的開銷呢？

看著抱在手上的望望，牠戴著頭套緩緩地抬起頭望向我，右眼上還殘留眼藥膏，左眼上則有一個結了疤的傷口，因為缺牙斜斜地吐著舌頭，想試著舔我的手臂卻又舔不到，這個貼心的舉動似乎在安慰我：「不怕！我可以忍痛。」

此時我終於忍不住了，開始嚎啕大哭！為什麼上天這麼折磨人，硬是要一次又一次考驗我們的耐心和承受痛苦的能力呢？為了尋求一線生機，我咬緊牙關讓望望接受了第二次左眼治療手術。可惜手術治療後來還是沒有成功，最後只能摘除左眼。

這段期間，我看著牠小小的身軀忍受著病痛的折磨十分楸心，因此花了許多心思和時間準備膳食，並配合牠術後的身體狀況，不斷變換食材與調整做法，最後牠的嚴重血便問題也迎刃而解。隨著相處時間越長，望望與我越來越親近，牠雖然只有三隻腳、一隻眼睛，卻成了家裡唯一可以頤指氣使的小霸王！

我相信，每個出現在生命中的毛小孩都是上天派來的天使，以及準備託付給我們的任務。接下來我開始成立臉書社團，將長期以來照顧望望的心得，分享給和我一樣愛狗的人。但遺憾的是，前年的一天中午，當望望吃飽飯、上完廁所後，抱回窩裡午睡就從此一眠不醒。

令人不敢置信牠前一秒還和我撒嬌討抱，下一秒就成了一具冰冷的軀體！我輕輕地捏了一下牠的臉，吻了牠短短的額頭，要牠別跟我開玩笑，趕快起來，可是一點反應也沒有……就在我們一起經歷了這麼多磨難和困頓後，幫我找到好歸宿，正要展開新生活的時候，牠卻像是責任已了，安靜默默地離我而去，讓人完全措手不及，而我的心像是被撕裂了一樣。

人生真的很奇妙，表面上是我在照顧望望，其實是牠在照顧我。牠教會了我生命中最可怕的不是失去，而是放棄自己。因此，我在心裡發誓，一定要把牠這三年多來教會我的點點滴滴，分享幫助給更多需要的人！

我開始整合更多資源，創立全國性非營利組織「NCPHD 社團法人中華寵愛健康發展促進會」，發行《寵愛健康誌》，努力推廣全方位寵物照護（Holistic Pet Care）的觀念，鼓勵更多飼主能改變生病才送醫的做法，積極做好預防保健、食療的工作，降低狗狗生大病、花大錢的機會，也減少

飼主的金錢和照護負擔。同時將「寵膳媽媽」的理念和服務推廣出去，幫助大家能更周全的了解毛小孩的體質與心理問題。

我們都知道心理的照顧有時候比身體的照顧還來得重要，事實上許多研究證實，一個人的心理是否健康、快樂，是否擁有積極、正向的思考，的確會左右身體健康情況，對毛小孩來說也是如此。而且飼主與狗狗之間會相互影響，當你哀傷、痛苦或生病的時候，牠們會感受得到，並且變得低潮、不安，在我們身邊來回走動，或是想要安慰、陪伴我們。

寵膳媽媽提倡的全方位照護，是以「寵愛自己」為出發，進而「寵愛牠們」。無論在飲食烹調或是日常生活上，飼主應該和毛小孩相互分享和共同體驗。而想要避免毛小孩生大病，降低罹患重病或慢性病的機會，就要採用正確的烹調方式並針對體質需求照顧，平常寧可多花一點錢和時間，選擇在地當季、天然的蔬果，自己 DIY 料理。畢竟寵物生病沒有勞健保，面對每一次的治療和復健，對飼主和寵物來說都是一種折磨與壓力，甚至可能成為壓垮生活的最後一根稻草。

我很喜歡看國外一個已經有三十多年歷史的烹飪實境節目「MasterChef 廚神當道」，它依據參賽者和國家，分成人版和兒童版。最近我在看「小小廚神」美國版第五季的時候，裡面有個擠進前八強的小男孩，他說了一句很棒的話：「在廚房裡，年紀和學經歷並不重要！」令我印象深刻。

這也是我在臺灣和大陸推廣寵膳媽媽課程活動時，經常傳達的觀念：「不談上課，只談分享。」我希望大家把我當成毛小孩的媽，而不是什麼專家、老師，因為**我的確不是獸醫師或營養師，扮演的只是毛小孩家長和獸醫師、營養師中間的溝通橋樑**。很幸運地，因為認養和照顧望望，讓我這幾年得以有機會經常和中西獸醫師做密切互動和討論，從中學習到不少寶貴的知識，並且將實務上的食療經驗，分享給更多人。

生老病死是人生必經的過程，我們無法決定未來究竟會是如何，但我們可以決定現在要怎麼樣過生活。如果你也認同寵愛毛小孩的理念，歡迎與我一起分享這個理念，並且一起守護牠們的健康到老。

由衷特別感謝，從單純的發願創會回饋開始，沒有許多網友及創會好友的一路相挺陪伴，就沒有現在的一切小小成果。也特別感謝陳珮騏小姐鼎力相助，提供本書中「營養低卡五色高麗菜捲」的製作構想。

感謝我的家人，每一位會員 、好朋友、合作夥伴，和許多我生命中的貴人明燈，永遠莫忘初心。

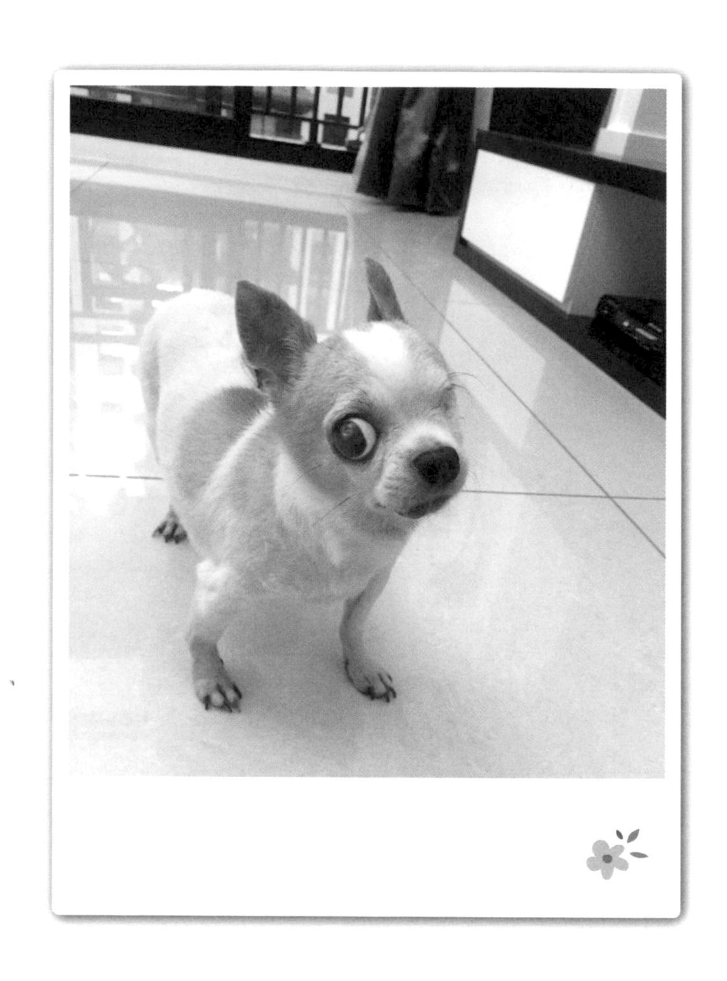

謹以此書紀念最獨一無二的小天使 ： 望望。
你是我生命中的貴人與教練，為了聊表感謝和思念，
本書所有版稅將全數捐作 NCPHD 社團法人中華寵愛健康發展促進會，
做各項推廣飼主教育及活動使用，
以期減少毛孩被棄養、流浪的可能。

CONTENTS

Chapter 1 全方位概念，照顧毛小孩健康

Chapter

2 寵膳媽媽的美味廚房

[寵愛毛孩檢測附表]

Chapter

1

全方位概念，照顧毛小孩健康

犬貓和人類一樣，每個生命個體都有其獨特性，會隨著年齡、環境、疾病等各種因素，而有體質上的改變，且往往同時具備一或二種以上的特性。過去談寵物健康照護，大多是從動物西醫的營養學觀點，再從整體角度來談，可以吃哪些東西來補充身體需要的營養素，或是發生疾病、傷痛的時候，怎麼利用手術醫療來短期醫治見效，缺少從動物中醫的個別體質需求上，提供量身訂製的長期調養和舒緩，也缺乏從自然療法的身心平衡角度，同時照顧牠們的身體與心理。

事實上很多疾病症狀的發生，大多是長期根本體質問題累積所造成，所以經常發現即使醫師給藥或醫療後，還是會不斷地反覆發作、無法根治；也有很多問題其實是心理因素影響，包括重症發生後的自信心打擊，身體經常疼痛而變得精神萎靡、特別容易躁鬱、焦慮等等。

別忘了毛小孩的智商相當於人類的2-8歲（視品種研究），牠們也是有喜怒哀樂的情緒和個性喜好的。因此日常照顧毛小孩健康的時候，如果飼主能依據個別的體質症狀需求，多一點用心和觀察，了解差異掌握特性，不僅可以降低生大病機會，也能達到延緩症狀提前發生或惡化的風險，或是幫助快速地恢復元氣和笑容！

根據國際市調公司Euromonitor 2010年開始調查，全球不論大型國際或新創小型寵物食品業，都以對待人一樣的將人類需求的營養成分運用到寵物食品上。並以寵物健康、特別需求和功能性營養成分為基礎，提供新鮮和未加工的寵物食品。

這些寵物健康趨勢包括有：

- 全天然和有機——2007年寵物食品中毒後大量召回的影響
- 強化和功能性——骨關節、牙齒、免疫、助消化、美容、老化／育種／體型／生活方式
- 體重管理——食品減量（低熱量、低脂）、食品加質（多纖、強化營養和消脂）
- 食品過敏和低敏感性——無麩質、無黃豆及無小麥、水解蛋白、重視皮膚和消化過敏

且全球寵物食品市場兩大龍頭瑪氏（Mars）和雀巢（Nestle），為因應銷量減少，競相推出高單價的產品，讓寵物不僅吃得跟主人一樣好，甚至更好。根據英國歐睿資訊2016年研究，北美寵物食品銷售量減少0.8%至60億公噸，可是營收卻增加4%至310億美元，主因之一就是廠商迎合人類食物趨勢來開發寵物食品。而且標榜純天然食材的高價寵物食品，銷售成長遠高於主流的乾糧食品，因為寵物主人認為前者更加健康。

儘管如此，關於狗貓在食用各種天然食材對身體的反應效用與營養發揮上，目前全世界都仍在開發摸索中。所以我在研究和親身實證上，除了會參考坊間相關書籍與資料外，還會參考關於人的各種最新資料和數據，來做使用依據與搭配，希望求得更加周全的養護體驗。

以下是中獸醫根據犬貓常見體質及比較容易表現出來的症狀特性，特別整理給寵愛的飼主們，做為日常居家照顧的參考。但具體家裡毛小孩究竟現階段的體質為何，建議大家還是可就近尋找信任的獸醫師求助或檢查比較好。

毛小孩七大體質與症狀分析

興沛動物醫院 獸醫師 **郭文賢 專文**

氣虛體質

大多表現在老犬或是剛動完手術、大病初癒、有慢性病問題的狗狗身上。

由於出問題的器官不同，表現出來的症狀也有所差別。如果狗狗出現容易精神不振、氣短、疲倦無力（容易玩一下就累），多為心氣虛（心臟有問題）。易喘、咳嗽、呼吸道疾病、怕風、叫聲低微，則為肺氣虛（肺部或呼吸道有問題）。常常食欲不振、大便不成形或長期軟便、身體較纖瘦或虛胖，可能是脾氣虛（脾臟問題）或胃氣虛（腸胃問題）。腰膝痠軟無力、頻尿，可能是腎氣虛（腎臟問題）。

陽虛體質

四肢末端摸起來冷感、容易軟便（不會很臭）、水腫、漏尿、後半身疼痛或無力、食欲不佳。

陰虛體質

容易疲倦、口渴、身體低熱、容易煩躁、尿液通常偏黃、喜歡趴在瓷磚或是涼快的地方、睡眠品質不佳。

血虛體質

容易心悸、受到驚嚇、遇到不明聲響則會發抖，嚴重的話沒有主人在身旁就無法好好入睡，有的毛小孩甚至連外出都感到惶恐。在生理上則會有四肢冰冷、皮膚乾燥脫屑、指甲黯淡無光澤、體重減輕或食欲不振的症狀，且可能心律不整。

血淤／氣鬱體質

血淤、氣鬱體質的毛小孩性格敏感，容易因為情緒壓力引起焦慮、食欲不佳，皮膚出現瘀青或黑斑。舌頭偏黯紫色、毛質稀疏、不易長毛、容易掉毛。

臨床上肝氣鬱是最常見的，症狀有過度興奮、具侵略性、容易生氣或是過度緊張。大部分的中小型犬或多或少都有氣鬱問題，原因是長期居住在室內，活動力不夠。嚴重的甚至會有情緒上的問題，例如分離焦慮症、突發性吼叫或咬人。有的狗狗會反覆軟便、拉肚子、脹氣、便秘或是腹痛，有的則是會嘔吐，有時是乾嘔；有上述這些症狀的話，有可能是腸氣鬱。

濕熱體質

多為有長期皮膚問題，耳朵容易出油、皮膚易發炎反覆感染、運動不耐、遇熱易喘、性情急躁、常感口乾、口臭或身體有異味、容易便秘或大便黏滯、小便顏色深。

家中毛寶貝如果出現異常狀況，應諮詢中獸醫師，確定體質才能對症下藥。

中醫的六邪

從中醫角度來看，引起疾病的「病因」有分「外因」和「內傷」二種。「外因」是指自然界中的：「風」、「寒」、「濕」、「燥」、「熱」、「暑」容易引起各種疾病，統稱為「六邪」。飼主在照護毛小孩時留意了解這些症狀，可以幫助牠們提升免疫力，預防疾病。

● 風為陽性病邪，是百病之長。很多狗狗的疾病都是由風邪而產生，最典型的就是皮膚搔癢問題。冬天的風會使狗狗呼吸道疾病變得嚴重；夏天的風則使皮膚病變多。如果你家的毛小孩很喜歡搔臉、搔耳朵，背部又常常喜歡因為癢而蹭，一定多少受到風邪的影響，而有鼻塞、討厭吹風等情形出現。

風主要與肝相對應，因此風邪在狗狗身上累積久了可能會使肝氣鬱滯，繼而產生消化不良、脹氣或下痢等症狀。

如果說癢主要是體外症狀，體內則會有抽動的情況如肌肉顫抖、抽筋，嚴重的即為癲癇。這一類的內風不只有肝引起，外在毒物刺激或口服的藥物皆可能導致，甚至出現由細菌或病毒引起的疾病。

● 寒邪是陰性病邪且會耗掉身體陽氣，如表徵在外則會耗損狗狗的體表防衛之氣，容易造成發燒而汗孔不開，但因為狗們汗腺不明顯不易觀察，所以常常讓飼主無法得知牠們的感受。

如因寒傷在體內腸胃，則傷腸胃陽氣導致水痢和疝痛等症狀；於腎則傷腎陽氣導致四肢冰冷以及部分腎臟功能低落。

臨床上最容易出現水痢等腸胃問題，吃了腸胃藥一直反覆發作不見好轉，有時換了處方飼料又時好時壞，如果沒有找到原因將寒邪驅除，之後會有消瘦、營養不良狀況。

另外，寒邪另一個特色是凝滯，寒邪使氣血鬱滯容易產生寒痹，血液不通的痹處則會生痛，如喝冰水、吃冷食導致的胃痛或疝痛。

●「濕」是陰性病邪且最容易影響腸胃道，它會令體內的氣與血液循環受到阻礙，進而導致身體水腫、下痢、食欲不振、腹脹或腹痛等現象。體內有濕邪的狗狗常常會有舉步維艱之感，體型較胖的老狗皆屬此類，嚴重的甚至會有風濕性關節炎、肌腱僵硬或是身體虛弱、化膿性傷口、容易疲勞和賴床等症狀。

如發生在局部如腸胃，可能會有結腸炎；發生在皮膚上則為急性濕疹，即濕濕黏黏的突發性皮膚病，又稱為急性化膿性皮膚炎，時間拖久的話不好治療。家中有鬥牛、沙皮、哈士奇、臘腸等易有皮膚問題的犬種，務必保持居家環境的良好通風和乾燥性，減少牠們的皮膚敏感情況。

大多數難以治療的皮膚病非單單濕邪一個原因，往往還參雜了熱邪與風邪，此類複雜性的皮膚病在西醫治療上服藥有所成效，但一旦藥停很快又會復發，最典型的就是膿皮症和異位性皮膚炎。

●六邪中以燥邪最消耗體液容易引起體液不足，因此臨床症狀多為口乾舌燥、口渴、便秘、尿量少且黃、皮膚乾且毛質易脆裂等。燥邪影響最嚴重的器官為肺，因此會有無痰的乾咳。例如我們常常聽到狗狗發出像乾嘔一樣的咳嗽聲，或是有點像哮喘似的呼吸不順情況，尤其以吉娃娃、貴賓等中小型犬種最常見。

燥邪久了亦會耗血造成血虛，此時會有躁動的搔癢感，很多皮膚病亦由此而生。甚至有指甲容易分岔、容易心悸心慌而懼怕打雷或鞭炮聲、腳掌龜裂乾澀等血虛症狀。

另外，很多狗狗有剃毛後毛長不出來的困擾，或是生出的毛量參差不齊，也都與燥邪和血虛息息相關。

●熱邪或火邪屬於陽病邪，會讓身體變熱而消耗津液與氣。它也表現在容易高燒、口渴、躁動，舌頭紅或黃舌苔；容易傷及血管導致血流至血管外，因此會有血尿、血便、流鼻血或出血斑等症狀。

另外，熱邪會影響到狗狗的神智與情緒，突然暴動、狂吠、暴怒、衝動，甚至有咬人、咬其他犬貓等情況。而熱邪傷肝陰則使肌腱韌帶得不到滋潤產生內風症狀，累積久了可能使肝氣鬱滯，繼而產生消化不良、脹氣、下痢、顫抖、抽筋，嚴重者會有癲癇等病症。

● 暑邪和熱邪一樣都是屬於陽病邪，它會讓體熱上升容易集中在上半身，尤其是暴露在盛夏的強烈日曬下會氣短、虛弱、高燒、大喘且口渴，嚴重的話還會導致震顫或昏迷。

暑邪通常與濕併發為濕熱，容易有下痢、食欲不振、昏睡、耳朵出油、皮膚病復發、大便黏滯不暢、小便偏黃、體熱、不耐高溫等症狀。

盛夏的日曬容易引起狗狗虛弱 、高燒，這些都是熱邪的症狀。

中獸醫常見諮詢問題

中西藥能同時服用嗎？

獸醫給狗狗吃的中藥大多以科學中藥或生藥為主，比較少用到水煎藥，成分沒有太強烈，所以基本上與西藥同時吃是可以的，但最好由同一個醫師開立處方，或是開藥的醫師了解其他藥物成分與劑量。不論中西藥，都要遵照醫師的囑咐服用才行。

藥品的安全問題常讓飼主憂心忡忡，擔心狗狗中藥吃久了需要洗腎，或是傷肝。目前國內的科學中藥都是由通過GMP（藥品優良製造規範）認證的藥廠所生產，製造流程都有相關單位監督，對於重金屬、微生物含量也都有安全規範，不用太擔心。

狗狗可以吃薑、蒜嗎？

在中醫學上，生薑味辛但性溫，具有散寒祛濕、發汗解表、溫中止嘔、溫肺止咳等功效。至於大蒜味辛性溫，主要用來行氣、暖身和去瘀，可以溫中健胃、消食理氣，甚至解毒殺蟲。

在中獸醫門診中，很多開給狗狗的中藥粉都含有如甘薑等成分，只要與醫師確認毛小孩的體質合適，薑蒜都可適量食用。然而要注意的是，大蒜會使胃熱趨於嚴重，因此陰虛體質、容易口渴或是有胃熱、口臭症狀的狗狗必須小心餵食。

烹煮鮮食時，如果加上少許薑來調理體質是無害的，但盡可能不要讓牠們生吃薑蒜，當作調味或少量添加即可。

寵膳媽媽建議改善體質從食物著手

飼主們平時可以多觀察毛小孩的日常表現，若有任何異狀可帶去給信任的中獸醫把脈，了解牠們的根本體質，做為食療和照護的參考。

許多飼主為求方便或是怕狗狗挑食，長期餵食同一種乾糧、濕糧或特定食材，會造成狗狗營養失衡，或是加重原本有的皮膚病、泌尿道症狀或是腸胃問題等。因此建議飼主最好能時常更換，或是搭配不同的鮮食，來滿足牠們的營養需求。

家裡如果有兩隻以上毛小孩，平常餵食時最好依照各自不同的體質屬性，準備相對應的食材。像我家臘腸斑比體質偏濕熱，餵食白色魚肉或雞肉才不會造成燥熱、皮膚發炎；另一隻吉娃娃糰糰體質特別怕冷，則適當餵食牛肉等紅肉及溫性食材，可以提升陽氣幫助驅寒。

選擇調理方式是很重要的。通常食物烹煮越久會越偏陽性，使身體燥熱，但對於虛弱怕冷的狗狗們來說卻是不錯的選擇。很多飼主會餵食生的食物雖有降溫的效果，但可能使消化能力變差，所以食物保持常溫很重要。

帶毛小孩看中獸醫的10個重點

經常有網友或學員問我各種關於毛小孩疑難雜症，例如：「皮膚老是出問題怎麼辦？」「吃完東西會嘔吐是什麼問題？」「舌頭有點白是貧血嗎？」……我都會反問他們：「有帶去給獸醫師確診了嗎？」

有些經驗豐富的中獸醫師往往不需要飼主開口，就可以直接透過把脈診斷出身體狀況。比較謹慎的獸醫師還會同時配合西醫儀器做詳細檢查，搭配中西藥，對症下藥。

中獸醫看診方式和人一樣，靠「望、聞、問、切」來作判斷，觀察犬貓的外觀，如皮膚、口腔、眼睛、吠叫聲等，接著聞聞看狗狗是否有特殊體味、口臭、呼吸聲是否正常，並詢問飼主毛小孩的生活習性是否有改變、是否有舊疾或病史、有無正在做西醫治療、食欲及大小便排泄狀況，最後透過觸診，對犬貓進行左右兩後腿內側的股動脈把脈，提出診治建議。

對於患有比較嚴重疾病的犬貓來說，西醫的多能救急或抑制病情，若是狗狗有皮膚發炎搔癢、容易焦躁、膽小怕打雷，貧血、腸胃或肝功能較弱問題，中醫往往能明顯改善。但中醫講究食療與長期調養，須持續一段時間治療才行。

由於目前臺灣中獸醫的比例比西醫少許多，許多飼主對動物中醫的了解還不夠，以下整理出10個帶毛小孩看診時的詢問重點給大家參考：

1.家裡毛小孩屬於哪一種體質？
（每個毛孩可能都不一樣，記得都問清楚比較好照顧喔！）

2.依照目前症狀，應該優先治療什麼比較好？
（例如同時有心臟和肝臟問題，應該先治療哪個？）

3.日常照顧上，有哪些比較適合牠的食材？

4.根據毛小孩的體質問題，應該多吃白肉還是紅肉？

5.秋冬季節如果要食補，搭配什麼食藥材比較適合？建議的份量呢？

6.治療期間，有沒有其他要特別注意的事項？

7.吃中藥多久才會看到成效？
（飼主要明確說明毛小孩可接受藥丸、藥粉或是藥水）

8.目前吃的西藥是否和中藥有衝突？
（記得帶西藥給醫師看）

9.毛小孩的髖關節或膝蓋是否正常？還需要額外補充營養嗎？

10.皮膚問題反覆發作，是體質偏濕還是偏熱？可以吃什麼改善？需要搭配洗劑嗎？

如何讓狗狗吃討厭的藥粉？

讓狗狗乖乖吃藥，是很多毛小孩家長遇到的難題。如果是藥丸或膠囊狀藥品，可以嘗試混在香噴噴的肉裡餵食，但許多聰明的毛小孩會把肉吃掉再吐出整顆藥丸，或是直接吐給你看！更何況是苦得要命的中藥粉。這時不妨把藥粉撒在鮮食上，再淋點蜂蜜或獸醫師提供的糖水攪拌後給牠們吃。

蜂蜜有潤燥、潤腸胃的效果，但須特別注意的是：

1.蜂蜜中含有生物活性酵素，在高溫下容易被破壞，所以請不要搭配熱開水、熱牛奶或熱豆漿。

2.餵食時，除搭配用藥使用外，最好少量或加水稀釋，才不會有拉肚子情況。（餵食蜂蜜後會軟便是正常的，所以對於幼犬、懷孕母犬、平常腸胃比較纖弱的毛小孩，則最好避免。）

3.蜂蜜最好不要盛在金屬器皿中，因為蜂蜜偏酸性，與金屬接觸容易產生氧化現象。

4.蜂蜜不宜與豆腐、韭菜同食，容易引起腹瀉。

5.選購蜂蜜時，挑選含水量少、無氣泡、通過國家標準檢驗，有生產追溯條碼的產品。（部分資料來源：行政院農委會苗栗區農業改良場）

將藥粉撒在鮮食上，或加點糖水攪拌，毛小孩願意接受的機會會大增。

毛小孩必需六大營養素

從動物西醫營養學的觀點來看，狗狗和人一樣都需要營養素來維持身體正常機能及運作，包括蛋白質、脂肪、碳水化合物、維生素、礦物質、水分等六大營養素。

水分

水分是動物身體組成的最大部分，不僅影響其他營養素身體正常代謝，也幫助體溫與機能的調節。對毛孩來說，水分還能保護皮毛的穩定，維持母犬正常的泌乳。現代毛小孩大多有水分攝取不足的問題，若是長期餵食乾糧，或是喜好重口味食物、不愛喝水、水喝太少，容易影響排便排尿正常，嚴重會引起泌尿器官病變或相關疾病。

水分可以幫助狗狗調整生理機能，促進新陳代謝，是不可或缺的。

通常水分流失方式，包括因為排泄、環境上體溫變化、活動上消耗、生病或手術、情緒緊張、生產等造成，所以補充方式除了提供足夠的飲水，也可增加餵食上攝取，尤其是新鮮食材的水分含量比較高，自然也增加了身體維持代謝上的水分攝取機會。

但要特別提醒的是，不要因為想增加毛孩水分攝取，就餐餐提供湯飯或粥類形態餵食，長期下來反而容易造成牠腸胃消化不良，因此最好偶一為之或是乾濕分離餵食比較好。

蛋白質

蛋白質是由各種氨基酸形成的聚合物，是身體熱量來源之一，維持血液細胞的運作，為身體組織的主要與機能成分，也是體內催化劑、抗體、內泌素及一些輸送者的主成分。對毛小孩來說，蛋白質的效用還可幫助身體正常成長與泌乳、維持身體抵抗力、皮毛生長與健康、維持血液細胞的運作修補。

動物性蛋白質可以從肉類、海鮮、奶蛋中攝取，植物性蛋白質則包括蔬菜、穀類、豆類等食物。若攝取不足，會造成發育遲緩、身體虛弱、貧血或抵抗力變差等，但攝取過量蛋白質，也可能加重身體和腎臟負擔。

與狗伴隨人類的長期馴化可以接受雜食不同，貓屬於肉食性動物，因此在蛋白質、肉類的需求上大概是狗需求量的2倍。由於貓在氨基酸利用及合成上有先天上的缺陷，必須從餵食上吸收蛋白質，如魚、肉、蛋、奶、乳酪，都是不錯的蛋白質來源。有肥胖傾向的貓，可以多給雞肉、白魚肉等白肉類。注意餵食的雞蛋必須要煮熟，因生蛋白會使維生素B群無法吸收，每週可控制約1-2個以內。

（關於犬貓食肉性演化差異請參考Nature期刊 2013年3月21日發表〈狗與狼之間的基因差別〉）

脂肪

脂肪供應必需的脂肪酸，是細胞膜與組織重要元素，提供身體能量及禦寒。它可以維持荷爾蒙正常分泌、保持心血管健康，幫助發育和生殖器官功能正常。

適量的脂肪攝取除可增加食物的嗜口性，幫助脂溶性維生素的吸收外，對於毛小孩的健康幫助很大，尤其是對於皮毛和關節，具有相當程度的潤滑和保護性。

要幫助毛小孩攝取不同食物天然的脂肪酸，如來自肉類、乳製品的飽和脂肪酸，各種魚和植物蔬菜油的多元不飽和脂肪酸，甚至是來自堅果、橄欖、芥花油的單元不飽和脂肪酸，可以抗氧化保護動脈。同時要避免給予提煉加工過的各種脂肪酸，如各種加工精製過的食品、點心：蛋糕、人造奶油、洋芋片、餅乾、酥皮糕餅、精緻麵包、罐頭醬汁、布丁、調味料等，影響身體健康並產生疾病。

烹煮時要注意掌握少油少調味原則，或是利用肉類本身的油脂烹調，尤其是紅肉類如牛、羊、鮭魚等，或是豬肉、雞腿肉等本身都含有較豐富的油脂，最適合直接不加油來烹煮料理。

碳水化合物

碳水化合物又稱醣類，主要提供身體熱量，維持體力。

主要分成三大類：

- **糖分：**

  包括水果、牛奶和蔬菜等。

- **澱粉：**

  由多個糖分子組成，常見的如根莖類瓜果，地瓜、南瓜、馬鈴薯、蓮藕、山藥、白米、雜糧、豆類及加工後的澱粉類食品麵包、麵條等等，尤其有助提升食慾，防止飢餓及腸道運作，縮短食物殘渣通過消化道的時間。

- **纖維：**

  只存在植物性食物中，如蔬菜、水果、全穀麵粉、豆類等，可降低膽固醇。

維生素

對長期只餵食乾糧或生肉的毛小孩來說，維生素是一種比較容易欠缺的營養素。寵物主要需要的14種必需維生素，又可分為二大類，包括：

1.脂溶性：A、D、E、K

毛小孩缺乏脂溶性維生素可能無法促進身體鈣、磷的同化作用及利用，如佝僂症、軟骨症、骨鬆症，並容易發生如眼部疾病、生長遲緩、脂肪肝、腦發育異常、抵抗力差、生殖障礙、胚胎或幼畜畸形及食欲不良、皮膚骨骼異常、出血等。

- **維生素 A**

維持上皮組織的正常機能，也是骨骼生長所必需。它能幫助發育及增加食欲、維持生殖及泌乳功能。缺乏症狀如容易運動失調、生長遲緩、脂肪肝、腦發育異常、抵抗力差。攝取來源包括動物肝臟、奶與乳製品、雞蛋、綠葉菜類、黃色菜類及水果等。

- **維生素 D**

促進鈣及磷的同化作用，是正常骨骼發育及鈣結合蛋白質合成所必需。營養不足和長期缺少日曬容易造成維生素 D缺乏，症狀如發生在幼犬身上有佝僂症，在成犬身上則易有軟骨症、骨質疏鬆症。攝取來源包括海魚和魚卵、動物肝臟、蛋黃、瘦肉、燕麥與多穀類。

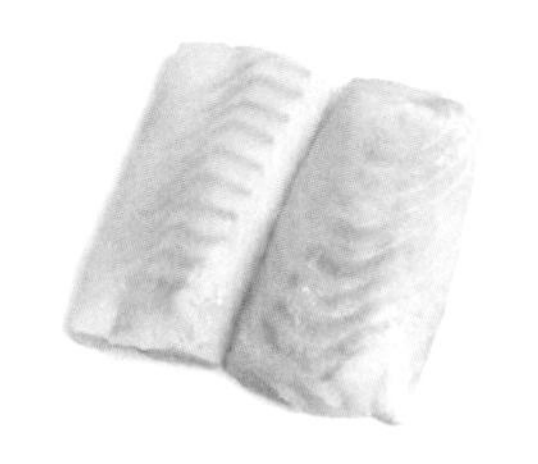

脂溶性維生素對毛小孩的健康非常重要，除了肉類和多穀類之外，也可以從蔬果中攝取。

維生素 E

是重要的抗氧化劑與造血功能，同時影響蛋白質及調節前列腺素的合成，與粒腺體、微粒體功能，能幫助身體增加抗體。缺乏症狀如血尿、貧血、生長遲緩、無食欲、骨骼及心肌病變等。

攝取來源包括葵瓜子、菠菜、杏仁、青紅椒、食用油。

維生素 K

血液凝固必須，與骨骼的鈣化有關。缺乏症狀易有出血或凝血功能不足。攝取來源包括花椰菜、蘆筍、芹菜、高麗菜、菠菜、莧菜、海菜、芥藍、萵苣、大白菜、奇異果。

2.水溶性：B群&維生素C

毛小孩缺乏水溶性維生素容易發生嘔吐厭食、失重或生長差、腸胃問題或血便、心臟腫大、癲癇抽搐、肢痛或痙攣、癩皮症、視網膜受損、結膜炎、貧血、皮膚炎、脫毛等。

- **維生素B1**

有保護神經系統的作用，可以促進腸胃蠕動，提高食欲。扮演食物中的糖與醣類（澱粉）在消化過程中的處理角色，同時做為肌肉協調及維持神經傳導。缺乏症狀包括厭食、體重減輕、下痢、心臟腫大、神經症狀等。攝取來源包括小米、全麥、燕麥、花生、豬腰內肉、豬腿肉、芹菜、牛乳、堅果類、黃豆、糙米、胚芽米。

- **維生素B2**

是紅細胞形成、製造抗體、細胞呼吸作用及生長所必需，協助鐵質和維生素B6的吸收。缺乏症狀包括皮膚炎、失眠、掉毛、結膜炎、消化不良、生長遲緩及反應遲鈍。攝取來源包括魚類、動物肝臟、雞蛋、乳製品、豆類、全穀類和堅果類及深綠色蔬菜。

- **維生素B3**

有助於降低血液中有害膽固醇的含量。缺乏症狀如易倦怠、嘔吐、背痛、體重減輕、皮膚炎、神經疾痛。攝取來源包括雞肉、牛肉、豬肝、牛肝、魚肉（如鱈魚、鰹魚、鮪魚、旗魚、鯖魚、鮭魚）、牛奶、雞蛋、番茄、青花菜、胡蘿蔔、地瓜、蘆筍、堅果類、糙米。

- **維生素B5**

輔酶A的一部分，脂肪和膽固醇合成所必需，有助維持皮毛健康。缺乏症狀如厭食、發育不良、運動神經元受損、十二指腸黏膜細胞受損造成血便、眼睛及肛門周圍發炎、腎上腺腫大、出血。攝取來源包括堅果類、綠葉蔬菜和糙米。

維生素B6

協助體內氨基酸運作，維持內分泌系統及鈉鉀平衡，促進紅血球生成和血管健康。缺乏維生素B6可能導致貧血、神經損害、癲癇、皮膚問題、口腔潰瘍。

攝取來源包括雞肉、鰹魚、鮪魚、秋刀魚、鯖魚、鮭魚、牛肝、燕麥、豌豆、花生、胡桃、香蕉。

維生素 B12

為去氫酶及變位酶（Mutase）的輔酶，與葉酸共同參與有機硫的代謝，預防貧血。缺乏症狀如毛髮粗糙、腎臟病。攝取來源為肉類及動物內臟如牛肝、豬肝、雞肝、魚類、牡蠣、海瓜子、蜆及雞蛋。

維生素H

主要為二氧化碳攜帶者，乙醯輔酶A羧化酶的輔基，參與脂肪酸代謝和氨基酸的去胺作用。缺乏症狀如脫毛、禿毛、皮膚炎、後肢痙攣，攝取來源包括水果、動物肝臟、腎臟及牛奶。

葉酸

與維生素B12的代謝有關，也是血球細胞形成所需，維持體內金屬離子的調節及維生素C合成。缺乏症狀如貧血、體重減輕、白血球或血小板減少、中樞神經系統及骨骼會受影響。攝取來源包括雞肝、牛肝、豬肝、扇貝、油菜花、毛豆、菠菜、草莓、葉菜類蔬菜、全穀類。

膽鹼

磷脂質的組成成分，是神經傳導物質乙醯膽鹼的前趨物。缺乏症狀如容易有脂肪肝、腎出血、生長遲緩。攝取來源包括雞肉及雞肝、牛肉、牛肝、雞蛋、牛奶、柳丁、香蕉、蘋果、米飯。

- **維生素 C**

  維生素C是一種抗氧化劑，與體內膠原蛋白合成及血管彈性有關。缺乏症狀如呼吸短促、關節及肌肉疼痛、牙齦發炎及出血、體重減輕、下痢等。攝取來源包括各式水果、花椰菜、菠菜、番茄、萵苣、黃瓜、胡蘿蔔等。

礦物質

礦物質是細胞組織成分，有助血液凝固、帶氧和新陳代謝、協助製造蛋白質與荷爾蒙、維持身體內的滲透和酸鹼值平衡、協助肌肉與心臟收縮跳動、做為酵素的啟動及參與神經系統傳導正常，甲狀腺功能與皮膚健康。

依動物身體需求量，可分成需求量多元素：如鈣、磷、鎂、氯、鉀、鈉、硫，需求量少的微量元素如鐵、銅、碘、錳、鋅、鈷、氟、鉬、硒等。每一種礦物質對於身體機能調節都有著密不可分的關係，鈣、磷、鎂、鋅是骨骼及牙齒的主成分；鈉、氯、鉀則是體內電解質組成，對於肌肉神經和體內水分平衡及尿液濃度、酸鹼平衡有非常大的作用；鐵和銅則是血紅素必需。

許多穀類和堅果類食物含有豐富的礦物質，燕麥片營養價值高，蛋白質含量居所有穀類之冠。但在兩種情況下，要注意燕麥片的攝取：一是大麥、燕麥片、黑麥和小麥中含有麩質（小麥含量最高），有麩質過敏體質的狗狗要注意，二是燕麥片含有在體內分解成尿酸的普林，會對有痛風和腎結石問題的狗狗造成傷害。

適量補充堅果，健康不發胖

許多堅果不僅含有多種維生素、蛋白質以及礦物質，且對於狗狗來說具有強腎補血、潤肺、烏亮毛髮、抗老化，降低心血管疾病等功能。雖然脂質含量高，但以不飽和脂肪酸為主，因此並不會造成心血管負擔，也很適合當作毛小孩的零食或來入菜餵食。但餵食上要注意選擇「已熟食堅果」、無調味，並搗碎成小顆粒，避免狼吞虎嚥下發生危險，也不要過量引起腹胃不適、咳嗽或發胖。

● 本篇部分資料內容參考摘錄台大寵物營養學副教授林美峰授課講義第一章

堅果做為毛小孩的零食，可以不造成心血管負擔，避免肥胖。

貓咪的特殊營養需求

貓咪雖然偏肉食性，但不代表不能吃「肉」以外東西。而且和大多數狗狗不挑食來比較，貓咪的餵食喜好大都從小就開始受到影響，飼主要耐心嘗試尋找變化，而且摸索牠喜好的過程，可從牠「優先選擇」的種類、大小等依序來觀察判斷。另外除了有高蛋白質需要量外，也有先天上因素需要特定的營養素，來幫助維持身體機能健康。包括：

- **牛磺酸：**

  漸進性的失明、鬱血性心肌病、繁殖障礙、畸形、死產、毛色黯淡或掉毛等，可從海鮮、肉類、蛋奶攝取。

- **花生油酸（不飽和脂肪酸）：**

  貓體內缺少一種酵素（delta 6-desaturase），所以無法將亞麻油酸轉換成花生油酸，可從蛋黃、深海魚類如鰹魚、鮭魚、鮪魚、鯖魚、鯡魚、秋刀魚等補充。

- **維生素 A：**

  貓咪無法由蔬果中的胡蘿蔔素自行合成維生素 A，所以可從動物肝臟、魚肝油、奶蛋、攝取，但還是要掌握適量原則，超過需要量的 50 ～ 500 倍可能引起中毒。

  成貓和生長期幼貓，每天維生素A需要量約在 500～700 微克RE，在妊娠和哺乳期的母貓應超過此量以上。缺乏容易有母貓不發情和公貓睪丸退化、體重過輕或體態不佳、眼角膜潰瘍、淚溢或化膿分泌；過量造成骨膜下骨增生、前肢或後肢跛足疼痛等。

● **特殊的能量及葡萄糖代謝：**

因身體某些蛋白質沉澱在胰臟的 β 細胞裡，使其無法產生足夠的胰島素，細胞無法利用血液中的葡萄糖，使血糖量上升，卻無法轉換成身體能量，引起糖尿病、神經病變後肢無力等。一定要控制餵食量、低脂、保持運動習慣等。

● **離胺酸缺乏：**

易罹患貓皰疹病毒感染，如眼鼻出現有色分泌物、口舌潰瘍、肺炎等，可從紅肉或雞肉、魚肉（沙丁魚、鮪魚、鱈魚）及堅果、豌豆、扁豆、蔬果中獲取。

由於貓咪比較不擅長消化蔬果，飼主盡量將蔬菜切細碎或煮軟爛來處理，水果也可以切小丁或泥狀加點水來餵食。如果製作鮮食時貓咪一直不太賞臉，飼主除了可以在備料與烹煮上作適當的調整及變化外，或是考慮改回乾糧濕糧外，也可以嘗試在鮮食裡加入少量、細碎的乾燥貓草、貓薄荷或者是木天蓼，增加貓咪吃的意願，但最好不要餐餐都這樣做，有點像強迫牠上癮感覺哈！

● 本篇部分資料內容參考摘錄台大寵物營養學副教授林美峰授課講義第一章

毛小孩四季養生

春季調養

春暖花開的季節，也是最容易細菌孳生、感染病毒的時候，常見於狗狗身上的問題包括：氣候太乾燥造成咳嗽，或是溫度變化太大，引起感冒、支氣管炎。因為吃到變質、不新鮮的食物引起腸胃炎拉肚子或是有寄生蟲，可能對花粉、塵蹣、細菌過敏、換季時皮膚乾燥、敏感，稍微抓一下就變得紅腫，導致皮屑、皮疹或脫毛。因為發情導致過度舔肛門，引起肛門腺炎或生殖部位感染，此外，幼齡或年老的狗狗特別要注意早晚保暖，避免膝關節不適。

從中醫的觀點來看，此時是陽氣升發的季節，五行中主要對應在養肝。春天蔬食的選擇上，以顏色較深或黃、紅的蔬菜類為第一優先，這些都是富含維生素A、C、β胡蘿蔔素的當令蔬果，如菠菜、南瓜、地瓜、茼蒿、紅蘿蔔、番茄、綠豆芽、花椰菜、甜椒、香蕉、哈密瓜等，能對抗感冒病毒，保護呼吸道，提升免疫力並對抗過敏。但有腸胃問題或腹瀉的寵物最好避免餵食或少吃如南瓜、地瓜、茼蒿、豆芽菜、青椒、甜椒這一類有助腸道排便的蔬果。體質較差的狗狗可搭配蓮子、木耳、薏仁、豬肝等，預防發炎，補充營養。避免餵食溫補、燥熱的食材，否則容易上火，引起口乾舌燥、便秘、長痘痘等症狀，也會影響睡眠。

春天適合選擇顏色較深的當令蔬食，有助於提升免疫力，但若有腸胃問題的毛孩，建議少吃南瓜之類有助排便的蔬果。

🐾 食材建議：

- **氣虛體質**

  雞肝、羊肝、菠菜、南瓜、木瓜、紅棗、蜂蜜。

- **陽虛體質**

  牛肉、羊肉、莧菜、青椒、山藥。

- **陰虛體質**

  鴨肉、薏仁、木耳、大白菜、蘋果。

- **血虛體質**

  白肉、菠菜、番茄、蘆筍、香蕉。

- **血鬱體質**

  烏骨雞、豬肝、黑豆、紅豆、菠菜、紅蘿蔔。

- **氣鬱體質**

  豬瘦肉、蕎麥、海帶、白蘿蔔、香菇、柑橘。

- **濕熱體質**

  綠豆、黃瓜、苦瓜、大白菜、芹菜、豆芽菜。

食材烹調叮嚀

破解菠菜豆腐形成草酸鈣及隔夜菜致癌謬傳！

以往有菠菜不適合與豆腐一起餵食，容易形成草酸鈣結石問題的說法，臺灣行政院衛生署已經發佈證實，這純粹是子虛烏有的謬傳。過去經常有「隔夜蔬菜容易產生亞硝酸鹽致癌」的說法，也證實「隔夜」並非亞硝酸鹽產生的關鍵，加熱也不會增加致癌物的含量。重點是「隔夜」時間長短及冷藏保存方式，是否容易造成有細菌滋生。

春節花菜、蜜棗補鈣抗炎最好！

蜜棗含豐富的鉀、鈣、鎂、磷及維生素C、B1、B2等營養素，可幫助寵物和人體生長發育並提高身體免疫功能；且富含多酚類，具有抗氧化、抗發炎能力；對於有血糖指數過高及糖尿病狗狗，更是屬於低升糖指數（GI）水果，可降低膽固醇、淨化血液。對於平常有搭配米飯或餵食鮮食者，給寵物適量吃蜜棗能促進其身體代謝功能。不過，若正值腹瀉，則最好避免食用，以免刺激腸胃。

另外花椰菜是一種廣效性抗癌食物，對人體和寵物都有很高的營養價值。它含有豐富的維生素、礦物質及植物性化學成分，還有一般蔬菜缺乏的豐富維生素K與類黃酮素，蘊含的蘿蔔硫素可抑制癌細胞生長和繁殖，分解致癌物並誘導良性分化及修復，對於糖尿症、動脈硬化均有益處。最新研究顯示，這些物質也能有效對抗炎症，保護關節的軟骨，預防骨關節炎和風濕，避免關節退化、疼痛與骨質疏鬆。

夏季調養

時序進入一年當中最炙熱也是陽氣最旺盛的季節，難免會讓人覺得燥熱和疲倦，對狗狗來說也是如此。

從中醫五行的觀點來看，夏季屬火，火通於心，所以夏季養生首重養心、清熱、去濕、安神，宜多吃些幫助生津止渴、清淡的食物，不宜多吃冷食、生食，避免傷脾胃或引起腹瀉，並且盡量減少餵食動物內臟、蛋黃與海鮮。

飼主如果想提高夏季食補成效，可以在烹調時加入適量的蓮子、百合、茯苓擇一少量即可，幫助狗狗安定心神、消炎去濕。

食材建議：

● 氣虛體質

雞肉、香菇、黃豆及其製品、紅棗、蜂蜜。

● 陽虛體質

牛肉、羊肉、海帶、黑木耳、芹菜。

● 陰虛體質

豬瘦肉、鴨肉、冬瓜、薏仁、綠花椰菜、雞蛋、蘋果。

● 血虛體質

火雞肉、鱈魚、菠菜、山藥、黑木耳。

● 血鬱體質

牛肉、羊肉、紅豆、菠菜、南瓜。

● **氣鬱體質**

白色魚肉、高麗菜、蘆筍、山楂、香菇、柳丁。

● **濕熱體質**

綠豆、薏仁、黃瓜、苦瓜、大白菜、芹菜、豆芽菜。

食材烹調叮嚀

給毛小孩黃瓜、櫛瓜、玉米筍怎麼吃最好？

給毛小孩黃瓜、櫛瓜、玉米筍怎麼吃最好？

從食材屬性和中醫學上來說，黃瓜因性涼，入肺、胃及大腸經，所以脾胃虛弱、腸胃不好、肺寒咳嗽的寵物不宜食用。烹煮上最好少用油，避免涼性的食物和油脂一起食用，容易導致腹瀉，尤其是老犬和幼犬，不宜多吃生黃瓜，最好加熱後餵食，唯濕熱體質者適宜生吃或涼拌，以取其去熱解毒功效。

還有黃瓜不宜和番茄、菠菜、花菜、小白菜和柑橘類同食同煮，因為黃瓜中含有分解維生素C的酶，同時食用會破壞食物營養價值，最好和豬肉、木耳、豆腐搭配煮食，可以發揮其更好營養作用及平衡。也不要和維生素C多的水果一起吃，以免影響營養吸收。

至於和小黃瓜一樣長條狀但顏色亮麗的櫛瓜，由於甜味低、水分少，而且卡路里低又能消水腫，是非常適合女性和毛小孩減肥的輔助食材，同時富含鉀、鈣、鐵等礦物質和β-胡蘿蔔素，能夠預防貧血、強健骨骼，還有提高免疫力等健康效果。

還有小巧可愛的玉米筍，是一般玉米在成熟前就採摘的果穗，熱量低，還富含多種營養，對於想幫助毛孩減重、消水腫，降低心臟病和糖尿病的風險非常有幫助。富含維生素A及鐵質、維生素C，且解便秘、通便，有心血管疾病、慢性腎炎及尿道結石毛孩也可以適量攝取。不過，玉米筍的普林含量也較高，還是注意適量原則比較安全。

秋季調養

中醫將食補分為溫補、平補、清補（涼補）三種，體質虛寒者可以溫補，正常體質則平補，容易燥熱怕熱者則為清補。動物中醫的食療養生也是如此，尤其是秋冬天冷更適合藥材食補，一般夏天炎熱，除非是有症狀上或特殊需求，如術後、大病初癒，否則只要飲食上注意均衡天然，是不用特地加中藥材下去餵食的，以免過度滋補引起身體負擔及燥熱喔！

從五行來看，入秋走到肺經，對於毛小孩來說，尤其是高齡或患有慢性病者，呼吸道和身體免疫力較差，可能會出現過敏、感冒、咳嗽、皮膚乾癢、容易疲倦、愛睏，甚至情緒不穩定。

此時食療重點在於「清補」，屬白色的食物具有養肺健脾作用，如白蘿蔔、白菜、白木耳、山藥、花椰菜、薏仁、芹菜、松子、梨、枇杷、金桔、黃耆、香菇等，都很適合。肺跟大腸相表裡，大腸乾燥會產生便秘，這些食物纖維能潤滑大腸、促進排便。

梨子對除熱有幫助，口乾肺燥時有潤滑與止咳效果。松子是對肺很好的食物，可以把肺裡面的積液排除，潤滑肺部。所有的堅果類都對肺有幫助，可以增加體表的免疫力，就是中醫所謂的「衛氣」（狗狗體表外的陽氣），不過要注意控制食用量，才不會造成熱量過高或過燥。

一年四季皆有產的香菇，不但熱量低、維生素含量高，且高蛋白、高纖維和豐富的氨基酸。食用可入胃，肝兩經，化痰理氣、益胃、改善便秘、貧血、慢性消化不良等症狀，科學研究亦證實香菇中含有一種抗癌物質，可以抑制惡性腫瘤。要特別注意的是，因為香菇纖維質含量多，對於喜歡狼吞虎嚥的狗狗們來說，一定要切剁較細碎些，方便牠們入口和消化吸收。另外，由於香菇的鉀含量和普林含量偏高，所以有腎臟疾病或尿酸高的寵物，最好少食或避免食用。

常見體質餵食建議：

氣虛體質

雞肉、香菇、黃豆及其製品、紅棗、蜂蜜。

陽虛體質

牛肉、羊肉、海帶、黑木耳、芹菜。

陰虛體質

豬瘦肉、鴨肉、冬瓜、薏仁、綠花椰菜、雞蛋、蘋果。

血虛體質

火雞肉、鱈魚、菠菜、山藥、黑木耳。

血鬱體質

牛肉、羊肉、紅豆、菠菜、南瓜。

氣鬱體質

白色魚肉、高麗菜、蘆筍、山楂、香菇、柳丁。

濕熱體質

綠豆、薏仁、黃瓜、苦瓜、大白菜、芹菜、豆芽菜。

食材烹調叮嚀

立秋蓮藕餵食毛小孩的6大提醒

1.建議餵食熟藕，以免生藕過寒引起不適。

2.不要同時餵食蓮藕與豬肝，影響豬肝中鐵的吸收。

3.烹煮時不要使用鑄鐵鍋、鋁鍋，也別用鐵刀切蓮藕造成氧化。

4.有糖尿病不宜多吃。

5.有腸胃問題、容易腹瀉的要少量，以免膳食纖維增加腸道蠕動。

6.如果想提高補血補氣效果，可以使用豬大骨、軟肋排先熬煮高湯30分-1小時，放入切片蓮藕，搭配紅蘿蔔或山藥等食材，一起燉煮30分鐘。關火放涼後將食材撕小塊，搭配適量白飯或多穀米飯，加一點高湯一起餵食。

小心！柿子吃錯會傷胃、傷毛孩

柿子屬性寒，如果與海鮮類食物一起吃，容易產生腹瀉。且柿子中的鞣酸容易與海鮮類、肉類等高蛋白質的食物一起吃時，與胃酸產生交互作用，引起我們或寵物身體消化不良及腸胃不適。尤其柿子中的鞣酸絕大多數都集中在皮中，獸醫師特別提醒，曾經有飼主連皮一起餵食毛小孩，結果發生疑似中毒及過敏症狀來送醫急治！雖然西方研究發現，柿子可以防止血管老化、動脈硬化，也能調整血壓，但因為柿子的含醣量及鉀較高，患有糖尿病或腎臟病的人或毛小孩也要避免食用。另外有脾胃虛寒、四肢比較怕冷的毛小孩要少吃。

有助解毒殺蟲保健效用的南瓜

南瓜富含果膠進入體內後，具有很好的吸附性，能黏結和消除體內細菌毒素和其他有害物質，如重金屬和部分農藥，起到清除解毒的作用並保護腸胃消化；而南瓜所含的豐富瓜氨酸，可以驅除體內的蛔蟲、血吸蟲、蟯蟲等寄生蟲，發揮最天然溫和的食用療效。另外南瓜中含有的鈷量是各類蔬菜之冠，對防治糖尿病、降低血糖有特殊的療效；豐富的鋅更是扮演動物生長發育的重要物質。

不過南瓜中因為含有的糖分較高，所以不要一次食用或餵食太多，以免容易有腹脹、腸胃不適症狀；且如果你或毛孩的體質偏濕熱，或是有皮膚容易發癢起疹問題者，也要避免食用或餵食太多。另外南瓜忌與蝦蟹搭配同食，因為屬性上互沖易引起腹瀉；也要盡量避免跟富含維生素C的食材食物同食，因為南瓜含維生素C分解酶，會阻礙維生素C良好吸收。

芹菜舒緩毛孩焦慮是天然鎮靜劑

高纖維質的芹菜含有酸性的降壓成分，對動物有鎮靜安撫作用，且鈣磷鐵含量高，能保護血管又可增強骨骼，預防軟骨病及貧血。但芹菜經腸內消化作用會產生一種木質素或腸內脂的物質，會加快糞便在腸內的運轉時間，所以對脾胃虛寒體質的寵物或人，或是腸胃較弱、便便經常不成形者則要謹慎少食。

另外芹菜在中醫來說屬白色食材之一，當肺裡面有氣結，就可以利用芹菜來作治療，因為它的辛辣會讓肺的氣往下降，當我們同時需要補一點肺氣時，可以將芹菜拿去烤箱烘烤，因為烤完的芹菜會有補氣（肺）的效果。尤其有肝火過旺的毛小孩，譬如個性上比較容易爆衝、容易焦躁不安或緊張、或晚上睡眠不正常、情緒過於亢奮等情況，可適當添加補充些。但是烹調上要注意，芹菜與海鮮、黃瓜、南瓜、雞肉等相剋，最好搭配牛肉、羊肉比較相宜。另外芹菜葉中所含的胡蘿蔔素和維生素C比莖部還多，因此挑洗時可以適度保留能吃的嫩葉，不要全部都把菜葉拔掉喔！

冬季調養

冬季食療，首重養腎，因此可多食黑色食物，如黑芝麻、黑豆、黑木耳等。但現代的毛小孩，比較不會有缺乏蛋白質、熱量的問題，反而是容易營養過剩或失衡，因此冬天不一定要以藥膳進補，從平日隨手可得的食材著手，挑選補血補氣屬性，就能針對體質對症，輕鬆無負擔！

在毛小孩日常飲食上，建議飼主將每天蔬果與肉類的食用比例調整均衡，多餵食屬性溫平、容易吸收、可長期食用、含糖量較低的蔬菜水果，例如芭樂、蘋果、地瓜、空心菜、菠菜、紅蘿蔔、花椰菜、山藥等蔬果，糙米、薏仁等五穀類。豆類及其製品如豆腐、豆奶、奶蛋類，雞腿肉、魚肉、豬瘦肉等含蛋白質，可以溫和平補。

尤其罹患慢性病、高齡、怕冷體虛的毛小孩更該多吃蔬果及粗食，餵食時間也最好要在每天第一餐後比較不傷陽氣，避免屬性偏寒涼的蔬果。對於有糖尿病、心血管疾病、肥胖問題的毛小孩來說，大量肉類或海鮮燉煮的食物內含普林量及熱量高，也不適宜餵食。

重症術後、四肢經常冰冷、有貧血、膽小等症狀的毛小孩，比較適合溫補，幫助促進血液循環、暖身、提升耐寒抗冷的能力。平常可以挑選如牛羊肉、烏骨雞、栗子、杏仁、南瓜、燕麥、桃子、櫻桃、木瓜等溫熱性食材。

有皮膚問題、怕熱、肚子及耳朵摸起來溫度較高的毛小孩，則適合平補、清補或多吃蔬果調節燥熱體質。挑選屬性較寒涼的食材，如香蕉、柿子、椰子、水梨、橘子、西瓜、苦瓜、冬瓜、蓮藕、綠豆、大白菜、芹菜、百合、海藻等，以達到清熱、解毒、涼血作用。

另外有退化性關節問題的毛小孩，由於天氣冷容易出現新陳代謝變差、關節僵硬痠痛、疼痛發炎症狀，可以多餵食富含Omega-3魚肉，如鮭魚、鮪魚、鯡魚、大比目魚、鱈魚等深海魚類或魚油，抑制發炎和止痛；香蕉、櫻桃、莓果類、柑橘類、鳳梨、木瓜、南瓜、白木耳、菠菜、高麗菜、花椰菜、芥藍菜、蘿蔔等，則可抗氧化、抑制關節發炎。

常見體質餵食建議：

氣虛體質

魚肉、牛腎、羊腎、雞肉、蛋黃、羊奶、豆漿、菱角、地瓜、香菇、小米等。

陽虛體質

牛肉、羊肉、雞肉、白菜、花椰菜、馬鈴薯、山藥、黑芝麻、核桃、腰果。

陰虛體質

鴨肉、鴨蛋、火雞肉、白木耳、黑木耳、冬瓜、白蘿蔔、薏仁等。

血虛體質

豬肝、黑米、大紅棗、花生、櫻桃、桂圓、黑芝麻、南瓜、黑木耳等。

血鬱體質

牛肉、羊肉、烏骨雞、黑豆、紅蘿蔔、白蘿蔔、黑木耳。

氣鬱體質

豬瘦肉、魚肉、雞蛋、白蘿蔔、茼蒿、苦瓜、豆腐、牛奶、柳丁。

濕熱體質

白魚肉、雞蛋、紅豆、黑豆、天津白菜、冬瓜、芹菜。

秋冬適合自己與毛小孩的中醫藥膳

自從領養望望後，為了照顧牠體質纖弱的身體，與急性癱瘓術後的斑比，我開始接觸並學習製作各種藥膳料理。

我們一家四口體質都不一樣：長毛臘腸犬斑比總是皮膚容易過敏，身體摸起來經常是悶熱的；吉娃娃糰糰則只要有點聲音就容易緊張、特別是打雷就嚇到直發抖；我老公則是長期出差勞頓、工作壓力大、睡眠品質差，經常皮膚摸起來都會濕黏，也很容易感冒受寒；而我自己則是長期欠補，特別容易手腳冰冷、身體循環差、水腫。

因為我非常不愛吃有藥味的東西或藥粉、藥丸，所以每次在烹煮藥膳料理時，為方便煮一鍋可以同時一家子（我們夫妻倆和狗狗們）都愛吃，都會特別花心思斟酌中藥材的種類及份量、搭配的食材等，讓藥膳料理變得好吃又營養溫和，以達到全家保健「補養」的目的。

現在斑比的皮膚問題改善很多，糰糰對於聲音的反應也減緩，老公的皮膚濕黏問題解決，感冒機會變少，而我也不再經常手腳冰冷、水腫！

以下是我在廚房裡常用的幾款中藥材，大多性溫、味甘，適合各種體質人或狗狗，而且加入新鮮食材一起烹煮後，也不會有藥味或苦味。當然如果你還不清楚自家毛孩究竟屬於什麼體質，或是身體有什麼疾病症狀該如何調養，建議還是先去給信任的中獸醫確診後，再來搭配使用會更好。

- **黃耆：**

  性溫、味甘，入脾肺補氣，增強免疫能力（可選用一般市售以北耆為多使用，幫助預防風寒感冒）

● **柴胡：**

性微寒、味甘，紓解肝膽鬱結，治寒熱邪（可與白米及大骨搭配熬成粥，或是加在雞湯裡都很好喝）

● **茯苓：**

性平、味甘，健脾去痰，消水腫去濕（可以加入綠豆或薏仁裡煮成甜湯，或是加在燉煮的肉菜裡使用）

● **當歸：**

性溫、味甘，入心肝脾，補血行血（一鍋湯只要放一片當歸即可）

● **蔘鬚：**

性涼、微甘苦，補而不燥，可補氣活血，滋陰養身（與蔘片比起來較為溫和，可以加入湯、粥、飯裡一起煮，或是煮成飲用水）

● **淮山：**

性平、味甘，即乾山藥，補脾胃肺腎，止咳去痰（就是乾燥後的山藥，可以食用）

● **川芎：**

性溫、味辛，疏通血絡，止痛化瘀（可以放在湯裡，或是與帶殼雞蛋一起燉煮成藥膳蛋）

- **蓮子：**
  性平、味甘，養心神解疲倦，去熱止咳（如果有肝火過旺，或是分離焦慮的毛小孩，還可以選用含芯蓮子去肝火）

- **百合：**
  性微寒、味甘微苦，調節免疫機能，潤肺止咳（新鮮百合對毛小孩來說略含毒性，所以挑選乾燥的較合適）

- **紅棗：**
  性溫、味甘，滋潤五臟，養血安神（餵食要注意去籽及適量，避免甜度太高）

- **枸杞：**
  性平、味甘，具降血糖及降膽固醇功效，促進造血及明目（無論是加在菜裡或湯裡都很好）

無論是何種中藥材，一定要洗乾淨，且用滾燙的沸水煮10-15分鐘引出藥效，再放入食材烹煮，避免重金屬或農藥殘留。

給毛小孩吃水果應該注意什麼？

水果含有豐富維生素、礦物質、膳食纖維及水分，對於毛孩來說，是最天然的營養補給品之一。但由於不少水果甜度高（含糖量），熱量也高，或是屬性偏寒、偏燥，還是特定含量偏高（如鉀），所以餵食毛孩的時候，最好還是要注意一些原則，才不會沒補到營養反而傷身。

避開爭議性食材

像葡萄、酪梨這二樣水果，一直是屬於比較備受爭議的。以我自己和獸醫師們討論過的經驗，無論是在實務養育或門診上，都有過案例是吃了以後完全無恙的，但也有案例是吃了以後明顯有中毒或溶血吐血等情況。雖然具體因為食材特性發生問題的原因，都還沒有明確的國內外研究，發表證實過其餵食後容易導致致命結果，反正台灣的水果蔬菜選擇那麼多，飼主們就不用特別執著一定非吃它不可。

※其他注意避開的食物或成分

各種骨頭、可可粉、巧克力、咖啡或咖啡因、茶類、葡萄乾、洋蔥、青蔥、韭菜、辣椒、鳳眼果（蘋婆）、生雞蛋、木醣醇、飲酒等。

餵食一定要去籽或避開多籽

很多水果都有或大或小、或多或少的果核，無論是杏桃、櫻桃、蘋果、西瓜、芭樂等，請飼主幫忙去籽再做餵食。至於像百香果、釋迦、紅石榴等這類多籽類，且果肉和籽較難分開處理、也不好消化的水果，建議就避開餵食。

要控制水果餵食量或果汁

過去有許多人為了減肥減重，刻意餐餐以大量水果或果汁取代主食的方法，現在很多醫院和醫師都呼籲其實是錯誤的！因為水果甜度高，熱量也高，尤其打成果汁甜度更增加，加上有的體質虛寒，反而吃多了更容易發胖、身體更趨寒畏冷。還有的毛孩因為糖尿病問題，過多的糖分容易使血糖升高、刺激胰島素分泌，反而加重病情，得不償失。因此餵食毛孩蔬菜水果，還是要注意把握適量就好，過與不及都失去照顧的原意。

要挑選合適的屬性水果及果肉部位

例如很多狗狗體質濕熱，皮膚容易反覆發作，雖然像西瓜這類性寒味甘水果可以清熱解暑，但餵食時還是要注意盡量挑靠近皮的白肉餵食，不僅甜度低，去濕效果大勝紅色果肉，消煩止熱咳的效果更好。還有寒涼性水果如西瓜、奇異果、香瓜、雪梨等，最好不要與燥熱性的羊肉同餵食，避免引起腸胃不適。以下整理可餵食毛孩的水果依據屬性常見的有：

- **寒涼性水果：**
  如西瓜、香蕉、奇異果、香瓜、柿子、李子、枇杷、雪梨、草莓、桑椹、火龍果。

- **溫熱性水果：**
  如荔枝、龍眼、杏仁、桃子、櫻桃、橄欖、金棗。

- **平性水果：**
  如鳳梨、芒果、蘋果、檸檬、加州李、木瓜、棗子、柳橙等。

含鉀量高的水果給予淺嚐或避免

像櫻桃、蔓越莓、桑葚、藍莓等莓果類水果，或是像西瓜、柚子、楊桃都含有很高的維生素C及鐵質、水分，可以提高毛小孩免疫力、造血補血和身體水分，但由於甜度、含鉀量和殘留農藥也較高，所以餵食上除了要注意去籽、給予淺嚐原則和清洗乾淨等三大原則，對於腸胃較弱、體質虛弱、有糖尿病、腎衰竭、潰瘍症，和體質偏虛熱、易咳嗽的寵物，則不適宜餵食。另外櫻桃也不適宜與堅果類同食，以免妨礙維生素E的吸收。

蔓越莓含有豐富草酸，對於容易產生結石的毛小孩，過量食用則可能會增加腎結石的機會，對於身體虛弱、有氣鬱、陽虛和瘀血體質、腸胃炎、肝臟胰臟方面疾病、腦炎、腎衰竭及呼吸系統疾病的人或毛小孩，則也要避免食用蔓越莓。

餵食正常體質的毛小孩吃去籽櫻桃肉或是蔓越莓等，一次最好控制在櫻桃1-2顆份量，莓果類則最好控制在3-5顆份量，讓牠們淺嚐即可是最安全的。毛孩可食但含鉀量較高的水果包括有：

紅棗、芭蕉、美濃瓜、瓜類、桃子、奇異果、香蕉、龍眼、番茄、莓果類等。

● 部分資料參考：衛福部「台灣地區食品營養成分資料庫」

蔓越莓含有很高的維生素C，但容易產生結石的毛小孩必須謹慎餵食。

餵食前要去皮或大量清水除去農藥殘留

無論是我們自己要吃或是要餵食毛孩，務必要去皮或是用大量水清洗除去農藥殘存，尤其櫻桃、蔓越莓等這類進口的水果，容易因為運送期長，冷藏的時間也變長，所以都會施放殺菌劑以避免腐壞，故食用前更需要好好地清洗較好。

水果最好在餐與餐間餵食取代點心

餵食前吃水果容易使血糖上升，或是容易引起腹瀉、腹脹、軟便，所以最好飼主盡量選擇在餐與餐之間的時間餵食。還有餵食這些甜度較高的水果，也要注意搭配刷牙保持清潔喔！

酵素含量多水果可以飯後適量助排便

如木瓜、鳳梨、蘋果、香蕉等，特別容易餵食後，馬上就會有便意，但相對的，如果腸胃比較差，平常就容易拉軟便的毛孩，則最好少量或避免。

皮膚病、過敏怎麼吃？

臺灣因為氣候潮濕，皮膚病成為困擾飼主的最大問題。無論是濕疹、異位性皮膚炎、膿皮症還是黴菌感染，往往不斷復發，吃西藥、使用除濕機、空氣清淨機，還是無法改善。

狗狗經常搔癢、摩擦身體，導致皮膚紅腫發炎的原因很多，除了遺傳上特別容易好發皮膚問題之外，還有環境、氣候、細菌感染、寄生蟲、餵食習慣、體質、情緒焦慮等各種因素。飼主平日應仔細觀察，一有問題立即帶去給獸醫師就診。

皮膚問題中西各有見解

中西獸醫對於皮膚問題有不同見解，從動物西醫的角度，狗狗常見皮膚病多為外在因素，像是因跳蚤、蝨子或其他昆蟲叮咬後引起的皮膚過敏、紅腫、皮屑，或是因疥蟎、蠕形蟎、耳蟎等感染引起的皮膚發炎、紅腫、長膿。常見異位性皮膚炎則好發在狗狗的四肢、膝蓋或關節彎曲處，會癢、紅腫、掉毛。

曬傷、受到外物刺激、過度摩擦、碰撞，都會引起發炎或化膿。因為洗劑、花粉、服用藥物引起過敏，也會導致皮膚表面產生紅腫、丘疹。長期餵食固定乾糧、濕糧、只吃肉，缺乏各種維生素和礦物質，或其中含有太多防腐劑和添加物，給予過多調味食品、加工食品也是造成皮膚問題的來源。

在西醫治療上，皮膚病通常是給予抗生素做急性處理，但往往還是無法達到根治的效果。而從動物中醫的角度，狗狗皮膚問題多為體質因素，包括：

先天或後天體質引起

老犬或病癒、術後、有慢性疾病的狗狗，往往氣虛引起皮膚病；遇熱易喘、性情急躁、常感口乾、口臭或身體有異味的濕熱體質，經常身體疼痛、出現瘀斑和黑斑、毛質稀疏或是不易長毛、掉毛的血鬱體質容易有皮膚病反覆發作問題。

長期缺乏安全感、情緒引起

中醫講究五行相生相剋，認為木生火、火生土，自然會有相關的表徵，顯現於身體的問題。五行中的木是指肝膽系統，火是指心血管系統，土是指腸胃道系統，金則代表肺臟、支氣管、鼻子，水表腎。當狗狗的腸胃不好，肺部氣管也容易受到影響，跟著皮膚也會出問題。長期缺乏安全感、易有分離焦慮，感覺主人不夠關注自己，這些長期累積的壓力和情緒會引起腸胃道失衡、喜歡舔腳或皮膚，或是容易心悸心慌、懼怕打雷或鞭炮聲。

體質偏濕熱

體質偏濕熱的狗狗可以觀察如耳朵、肚子是否經常摸起來溫度較高，尤其夏天特別喜歡趴在冰涼的地方，或是有耳垢出油等情況；皮膚問題總是反覆不停地的發作，可能吃藥也無法根治。具體建議可以就近尋找信任的中獸醫做把脈確診後，搭配中藥和餵食做長期根本的調養。

除了先天或後天體質問題外，缺乏安全感、有分離焦慮也會造成狗狗長期的情緒壓力，進而成為健康的隱憂

從食療著手

毛小孩身體濕熱跟平常的餵食和生活習慣有關。例如多油脂、太鹹太甜或口味太重、冰冷的食物會造成脾胃虛寒、體內毒素代謝不掉，或是缺少活動、大小便和睡眠習慣不正常、環境濕度較高等，都會造成身體上的不舒服。

夏天陽氣旺能幫助毛小孩有效排濕，如果濕氣沒處理掉，讓它留在體內，等到冬天要排寒、排濕就更困難了。皮膚和精神等各種症狀會更差，慢性疾病發生率也相對提高。

飼主平常除了要注意環境的通風和乾淨，定期替毛小孩梳理與清潔皮毛、除蝨外，也要盡量挑選無添加的乾糧、濕糧、點心和洗劑。

在皮膚的治療上，食療是非常重要的一環。新鮮的食材富含各種營養來源，絕大多數的皮膚問題，都可以從攝取鮮食中獲得改善。

綠豆

具抗過敏成分，能降血脂、解毒、抗腫瘤、保肝護腎，對體質偏熱的毛小孩有益。若是體質偏濕，則適合吃紅豆、薏仁。

薏仁

薏仁含有一種薏苡素，可清熱排毒、加速新陳代謝，並含有多種維生素與礦物質，具有利濕、健脾、排膿、疏筋、美容養顏等功效，特別是所含的維生素B群能防治腳氣病。

狗狗季節變換出現濕疹等皮膚問題時，多吃些薏仁，可以維持氣血循環，舒緩關節疼痛。秋冬時可加入補氣血的紅豆煮成湯，補血兼強心。

❗ 烹調請注意

1. 綠豆屬性偏寒，四肢末端摸起來冷感、容易軟便或是老幼犬、體質腸胃較虛弱、有腎臟或泌尿疾病的狗狗，最好避免或少量餵食。
2. 紅豆、綠豆、薏仁蛋白質含量比雞肉還高，熱量也不低，所以飼主要控制餵食量。
3. 由於紅豆、薏仁較不易熟爛，烹煮時建議清洗後至少泡水15-20分鐘，再用電鍋燉煮，能維持顆粒形狀，入口鬆軟好消化。放涼後直接當點心，或是加在飼料、鮮食裡。

綠豆芽

綠豆芽的維生素C含量高，100公克綠豆芽之中，維生素C含量就有183.6毫克，比奇異果125公克中含有維生素C含量101毫克還要多。不僅能清濕熱鬱滯和解毒，還能利尿、消腫、美肌、降血脂，它含有的核黃素還能除口氣及口腔潰瘍，且蛋白質、鈣質含量比肉類多，水分和膳食纖維成分更不輸其他葉菜類。建議毛小孩有皮膚病困擾的飼主，可以餵食綠豆芽減緩症狀。但要特別提醒的是，有慢性腹瀉、脾胃虛寒的狗狗最好少吃，或是烹煮時加入些許薑、蒜等辛香料，平衡屬性。另外，有痛風、高尿酸、結石、關節畸形的狗狗，也不要吃豆芽菜或控制餵食。

烹煮時不要用高溫煮太久，才不會造成維生素C流失，選擇有根部的豆芽菜最營養。

海帶

海帶又稱為昆布，除了改善甲狀腺腫，還有降脂、降血壓、防止腎功能衰竭及抑制腫瘤等功效。

針對動物身上的脂肪瘤，可以使其軟堅散結、減少痰瘀；還能潤澤狗狗的毛髮，袪濕止癢。但脾胃體質虛寒的狗狗，不要一次食用太多，最好烹煮時搭配平性或溫性的食材，例如豬肉、雞肉、香菇、紅蘿蔔等，避免引起腸胃不舒服。

由於現在海洋環境污染嚴重，烹煮前最好先用清水浸泡20-30分鐘，中間換一兩次水，下鍋前將海帶切成小段，方便狗狗入口消化。

黑豆

可消腫、活血、改善水腫、腳氣、黃疸、祛風除痹，適用於風痹造成肌肉痙攣、四肢麻木。此外黑豆還能解毒、補血安神、潤肺清熱，改善皮膚膿腫、潰瘍。

苦瓜

狗狗的身上突然有小小一粒紅紅腫腫，像痘子一樣，還有白色的膿或黑頭粉刺怎麼辦？這時不妨給牠們吃點苦瓜，可以幫助清熱祛心火。此外苦瓜的維生素C含量高，能滋潤皮膚兼具鎮靜和保濕功能。

從中醫的角度來說，苦瓜味苦、無毒、但性寒，入心、肝、脾、肺經，有清熱消暑、養血益氣、補腎健脾、滋肝明目的功效，對中暑發熱、長痱子、結膜炎有一定的功效，還能清脂、降血糖、血壓和血脂。不過苦瓜是性寒的食材，對於濕熱體質的狗狗來說有益，但對於四肢末端摸起來較冰冷或是怕冷的狗狗來說，必須適量餵食。

西瓜

從中醫角度來看，西瓜性寒味甘，歸心、胃、膀胱經，具有清熱解暑、生津止渴、利尿除煩的功效；對容易煩躁口渴、容易受驚嚇、焦慮，皮膚容易發炎感染，耳朵容易出油、口臭、身體有異味或是患有高血壓、急慢性腎炎、膽囊炎、體質偏濕偏熱的狗狗來說，非常有幫助。

絲瓜

口感清甜爽口、熱量低，性屬甘涼的絲瓜，除了可幫助除熱病、解煩渴、降火氣，還具有通便、抗病毒、潤膚的功效；它具抗過敏性物質瀉根醇酸，能保護皮膚、消除斑塊。適合體質濕熱、便秘、食欲不振的狗狗。

如何改善掉毛、脫毛、毛量少

毛小孩因為換季或皮膚病，常常搞得滿屋子紛飛，讓飼主頭痛不已。不過這屬於短期現象，最怕的是狗狗莫名地大量掉毛、脫毛，或是毛量少、沒有光澤、稀疏脆弱。

基本上，狗狗容易大量掉毛的原因，包括長期營養不良或失衡、皮膚病或寄生蟲感染、攝取食物鹽分過多、缺乏日照、洗澡次數太多、對洗劑過敏以及情緒過度焦慮等等。

在日常洗護用品的使用及選擇上，要注意成分是否天然、符合國際標準認證。若以香味做為選購參考，相當危險，因為清潔用品的香味大多是加了定香劑和塑化劑等化學成分，長期使用容易影響健康，甚至造成皮膚惡化、身體腫瘤發生。即使標榜成分天然、有機，也不代表真正安全無虞，因我們並不清楚原料的等級，若是成分太過複雜，也會造成毛小孩的皮膚傷害。

從動物中醫和西醫角度來看，高齡犬、患有慢性或重大疾病，有氣虛、血虛、血淤、氣鬱、濕熱體質的狗狗，都比較容易有皮膚問題及掉毛現象。因此飼主在日常餵食照顧上，除了要維持營養均衡之外，更要注意飼料或鮮食的鹽分比例是否過高。

適度餵食可以讓狗狗毛髮增生、蓬鬆、亮麗的食材，幫助改善症狀。

有助毛髮增生亮麗的食材：

- **菠菜**

  富含鐵質及各種營養素、維生素E，維持皮膚健康，預防脫毛、掉毛。

● 海藻、海帶

含有豐富的礦物質、維生素與碘，是毛髮生長不可缺少的成分，有促進新陳代謝與生長荷爾蒙分泌的效果。

● 芝麻

含有珍貴的芝麻素，對生毛、掉毛及毛色都非常有效，具有維持皮膚與毛髮健康的色氨酸、卵磷脂。

● 五穀類

毛髮的主要成分是蛋白質中的角蛋白，而小米、燕麥、蕎麥等含有豐富的氨基酸，有助於角蛋白合成，抑制皮膚斑點。

● 豆類

含有豐富的維生素B6、葉酸以及礦物質鎂、硫和鋅，能讓毛髮維持亮麗光澤，避免過早出現老化白毛及掉毛。

● 熟雞蛋

含有鋅、硒、硫和鐵，促進毛髮健康與生長。最好不要給毛小孩餵食生雞蛋，因為未煮熟的蛋白含有卵白素（avidin），會抑制維生素中生物素的吸收，且有感染病菌風險。

● 牛奶

含有鈣質和維生素D、維生素B12，不只讓骨骼強健，也能增強毛髮的韌度。如果毛小孩對乳製品過敏，可以深綠色蔬菜取代。

● 富含Omega-3食材

如核桃、亞麻仁油、鮭魚、金槍魚、鯡魚、鯖魚等，對動物毛皮生長有幫助。

護腎保健怎麼吃？

腎臟病在飲食考慮上比較多，必須根據獸醫院做的抽血報告，配合獸醫師確診建議來決定是否要限磷及鉀離子或是蛋白質。

蛋白質食物主要來自各種肉類、奶、蛋、豆製品等，它是含氮廢物及尿酸、磷的來源，所以蛋白質過量會產生高量的含氮廢物，增加腎臟的負擔，引起腎臟病變等。控制腎臟疾病需達到正氮平衡，所謂的正氮平衡就是體內蛋白質的合成量大於分解量，所以要攝取優質且豐富的動物性蛋白。從鮮食或是處方飼料、處方罐頭都能獲取優質蛋白質。一般獸醫師大多會建議平常以處方飼料乾糧為主食，其他飼料或食物最好避免餵食。

家裡毛小孩如果罹患腎臟方面疾病，飼主要減少食物的總熱量，防止過度肥胖，平時多給予新鮮的蔬菜水果，攝取像蛋白、牛乳、紅豆、豆腐、小米和脂肪及蛋白質含量較低的肉類如白魚肉，還有一定要增加水分攝取量。但是患有腎臟病的狗狗往往容易厭食或是挑食，飼主需要多花時間找尋牠們喜歡的食材，留意牠們的飲食量是否足夠、營養是否均衡。

尿素氮偏高大部分是由於攝取過多的蛋白質類，一般通過均衡餵食，平衡蛋白質，包括醣類食品和蔬菜的搭配，尿素氮偏高的症狀就會消失。如果是腎功能不全，造成腎功能損傷，尿素氮正常從尿中排出；或是因為高度水腫和少喝少尿，使血中的尿素氮不能隨尿排出，蓄積於血液中所致。

從人的食療角度，有許多醫師會建議腎臟病人可以低氮澱粉類食物來取代一般澱粉，如蓮藕粉、玉米粉、太白粉、地瓜粉、澄粉、米粉來取代，可是從動物的食療角度來說，這些替代品卻不適合做為動物腎臟病食療上的使用。所以寵物腎臟病的食療上我建議還是要注意減少這些食物的攝取比例，提高蔬菜水果攝取量，同時注意均衡飲食與充足的飲水，最為合適。

● 關於犬貓罹患各種疾病症狀說明，可查詢-行政院農委會動物疾病知識庫

中獸醫談腎臟病食療

興沛動物醫院 獸醫師 **郭文賢**

從中獸醫角度來看，腎氣不足表現在狗狗身上，容易有膝蓋關節、脊椎、後腿癱瘓等問題，可以多吃黑色食物，如：黑豆、黑芝麻、黑木耳、黑棗、黑糯米（少量）來補腎氣。不過要注意的是：

1.黑芝麻加在飼料或鮮食上適量，避免太油。
2.黑木耳要切碎才好消化。
3.黑棗要去籽最好少量餵食，或是加在鮮食燉湯調味就好。黑棗甜度和纖維質較高，吃多的話可能會軟便。

針對腎衰竭狗狗，建議食材如下：

肉類：
以白色肉類為主、少量即可，如豬肉、雞肉、白色魚肉（鮭魚、沙丁魚、鯖魚可提供omega3、omega6）

內臟類：
豬肝或豬腎

穀類：
米飯

蔬菜：
綠色蔬菜、蘆筍、苦瓜、胡蘿蔔、地瓜、南瓜

泌尿結石怎麼吃？

狗狗罹患結石，可分為二大類：一是驗尿呈酸性，如草酸鈣結石、尿酸鹽結石、胱氨酸結石，容易好發於約克夏、西施、臘腸、貴賓、雪納瑞、大麥町、牛頭犬、獒犬、巴吉度、比熊犬及公貓。二是驗尿呈鹼性，如磷酸鈣結石、磷酸銨鎂結石，容易好發於幼犬、母犬。

狗狗一旦罹患結石症，得仰賴開刀取出，僅有極少部分可藉由飲食與藥劑控制。引發狗狗結石的罪魁禍首，主要是因為「水喝的不夠」以及「酸鹼失衡」所引起。所以飼主務必要觀察留意狗狗日常飲水是否充足，排尿及顏色是否正常，改善不良飲食習慣，才能預防結石症的發生。

在日常飲食中，飼主可以藉由食物酸性，幫助牠們改善體質及病情。如果狗狗罹患結石確診，且驗尿呈現偏酸，餵食可以多以鹼性食物為主；如驗尿呈現偏鹼，則可提高酸性食物比例，以維持身體酸鹼平衡。食物的酸鹼性並不是憑口感，而是視食物中所含礦物質的種類及含量多寡，以及食物經過消化吸收之後在體內吸收代謝後的結果而定。含有硫、磷等礦物質較多的食物，是酸性；而含鉀、鈣、鎂等礦物質較多的食物，為鹼性。植物性食材中，除了五穀雜糧、豆類外，多半為鹼性。

有些狗狗不愛喝水，必須仰賴飼主平時的留意，才能及時調整不良飲食習慣，避免結石症的發生。

對於結石患者，水分攝取很重要，烹煮時建議可加入含水量較多的食材；若是狗狗不愛喝水，可以豆漿或牛奶、蜂蜜加開水稀釋，或是將蔬果加水打成果菜汁餵食。建議果汁跟水以1：9或2：8比例，讓甜度降低。

鹼性體質調理

適合的食材：

- **肉類**

  大部分的肉、魚、貝類皆是酸性食物，如鮪魚、鯛魚、鮭魚、小魚乾、雞肉、豬肉、牛肉等，建議飼主酌量餵食，過量會造成肝腎負擔。

- **穀物及豆類**

  燕麥、胚芽米、蕎麥、白米、大麥、花生、豌豆、芝麻。

- **蔬果類**

  大部分的蔬菜、水果都是鹼性，但不代表就完全不能餵食，飼主可以挑選較平性的蔬菜，搭配肉類及五穀米一起少量餵食，如番茄、茼蒿、山藥、花椰菜、白菜、玉米筍、木耳、蓮子等。

酸性體質調理

適合的食材：

- **蔬菜類**

  菠菜、紅（白）蘿蔔、馬鈴薯、牛蒡、高麗菜、南瓜、地瓜、蓮藕、黃瓜、香菇、百合、芥菜、甘藍、海帶

- **水果類**

  香蕉、草莓、橘子、蘋果、柿子、梨、西瓜

- **乳蛋豆類及穀類**

  蛋白、牛乳、紅豆、豆腐、黃豆、豆漿、小米、杏仁、栗子

- **肉類**

  由於大部分的肉類偏酸性，因此飼主可以挑選脂肪及蛋白質含量較低的肉類，如牛肉、豬肉、魚等，搭配蔬菜餵食。

● 具體建議一定要詢問專科醫生。

毛小孩不愛喝水怎麼辦？

從中獸醫觀點來說，狗狗體質濕熱皮膚反覆發作，或是嘴巴容易口臭、躁動、肝火特別旺盛，容易精神焦慮不安、緊張等，除了依靠長期食療改善，也需要給予足夠的飲用水來幫助身體代謝濕氣、熱或肝火。

我們常聽到每天要喝八杯水，對身體健康最好的說法。那麼，毛小孩究竟一天應該喝多少水才足夠呢？

對毛小孩來說，可以從年紀、體重、每天活動量、體質需求來判斷，此外還有一個最簡單的方法，就是觀察平常的尿液顏色。吃火龍果或藥物會引起尿液變色，在正常情況之下，只要尿液顏色越淡，表示攝水量越足夠；相反地，如果尿液顏色偏黃，就表示水分補充得太少了！

水的攝取來源除了飲水、身體自然代謝之外，還有來自食物。依據狗狗餵食的種類，主要分為：乾糧（約10%水分）、半濕食品（約25%水分）、罐裝食品（約45-55%水分）、鮮食（約65-75%水分），飼主可以參考體重及活動量（正常狗狗一日所需水量大約40-70cc／kg；亦可用體重的5%計算），來決定補充量。

平常飼主給予毛小孩飲用水時，最好以分批少量為原則，或是使用常態式定點的餵水器（必須每天換水與清潔）比較妥當。避免在餐前或餐後給予大量飲水，才不會因為水喝太多導致腸胃不舒服或食欲不佳。餵水最恰當的時間是在餐與餐之間，避免一次喝很多水，或晚餐後喝水，造成夜間一直跑廁所，影響睡眠。

如果毛小孩罹患腎結石、糖尿病、高血壓等疾病，可以視情況多給予水分補充；有心臟病、肝臟方面疾病，則最好控制水量，避免增加身體負擔。此外，也要注意最好給予常溫水，不要因為天氣熱讓牠們喝過冷的水，或天氣冷喝過熱的水，容易引起嘔吐或身體不適。

如何讓毛小孩多喝水

我家糰糰也不愛喝水，可是牠很會亂尿尿建地盤！雖然我餐餐餵鮮食，含水量本來就比乾糧要高，可是也抵不上牠驚人的尿量。為了讓牠繼續做個豐沛的「尿尿小童」，又不增加腸胃負擔，同時還要滿足牠一定要有「味道」才喝的挑剔，我使用了以下這三種方法。

1.增加含水量高的食材

選擇適合毛小孩餵食的含水量高的食材：紅蘿蔔、白蘿蔔、甜椒、小黃瓜、胡瓜、冬瓜、菠菜、大白菜、萵苣、芹菜、番茄、木耳、青江菜、莧菜、花椰菜、豆芽菜、蘆筍等，都是不錯的選擇。只是如果體質偏寒，比較怕冷或是四肢常常偏涼，腸胃偏弱的毛小孩，建議像白蘿蔔、小黃瓜、冬瓜等這類偏寒性食材可以避開，或是酌量適量即可。

水果類如哈密瓜、蘋果、柑橘、柳丁、芭樂、奇異果、水梨、莓果類、西瓜等，含水量豐富，注意一次不要餵食太多，並盡量挑選不是太甜的部位。

2.將豆漿、牛奶、蜂蜜稀釋在開水中飲用

很多飼主以為，一旦罹患結石就不能攝取含鈣質食物，包括牛奶。事實上，引起結石的罪魁禍首，並不是攝取太多鈣質，而是「水喝得不夠」。很多毛小孩都對於沒有味道的白開水興趣缺缺，可以加入果汁和牛奶稀釋，增加水的味道。一開始不妨將果汁和牛奶比例稍微高一點吸引牠們的注意，再漸漸增加白開水的比例，養成飲水的習慣。但果汁甜度太高，不適合喝多，盡量控制在90%-70%是白開水為主即可。有些毛小孩喝牛奶容易拉肚子，牛奶和水的比例1：9是最合適的做法。

有學生問我：「可以用嬰兒奶粉替代鮮奶，加入飲水裡嗎？」由於嬰兒奶粉往往添加許多成分，甚至標榜高蛋白質，有時候很可能會對毛小孩造成身體上負擔，建議可以少量的奶粉調和飲用水，觀察看看毛小孩腸胃是否能適應。

3.增加湯水類料理或點心

針對體質或季節性，準備紅豆湯、綠豆湯、薏仁湯、銀耳蓮子湯，或是用大骨熬成高湯、藥燉湯。如果不確定毛小孩體質是偏濕或偏熱，薏仁或是木耳會比較溫和。有一些飼主會用洋菜把蔬菜、肉等做成果凍餵食，基本上都沒問題，如果是寒性體質或是腸胃較弱的毛小孩則不適宜。

如何分辨牛奶是否100%天然

要判別豆漿到底是不是加工的簡單方法，就是看豆漿加熱後表面是否會有一層薄豆皮，有薄豆皮的就是新鮮黃豆磨出來的，沒有豆皮就代表是人工香料粉製作。牛奶也是一樣，想知道鮮奶生乳含量，可以把牛奶加熱後等待5-10秒，觀察表面是否會形成一層奶皮。

這是因為牛奶加熱時，蛋白質會變性，表面會有一層薄膜狀的奶皮產生，奶皮的形成是因為蛋白質（酪蛋白），當牛乳和空氣接觸與鈣產生作用，加上水分逐漸蒸發，就促成天然奶皮的形成，而奶皮有一半以上成分為脂肪。

新鮮現磨的豆漿，加熱後表面應會有一層薄豆皮，可以藉此檢視你買到的是天然還是加工品。

腸胃炎小心吃

夏天天氣高溫炎熱，除了要注意毛小孩是否有搔癢、掉毛的皮膚問題，也要特別留心是否吃到被細菌、黴菌傳染的腐壞食物，造成腸胃發炎、犬瘟熱、肝炎等症狀，例如突然食欲不振、腹瀉、腹痛，出現「弓背」的祈禱姿勢，或是精神不佳、口渴等。

毛小孩罹患腸胃炎，並不需要完全禁食，除非嚴重到不停拉水便、出現虛脫現象，或是嘔吐到無法吃藥、進食，需要打點滴治療，才需要暫時空腹1-2餐，減緩發炎症狀。

在飲食照顧上盡量掌握幾個餵食原則，包括：以白粥為主、挑選纖維含量低、容易消化的食物、補充足夠的蛋白質及熱量、以少量多餐方式餵食。

肉類部分建議以雞肉、清蒸魚肉為主，蔬菜可以挑選低纖維的「嫩葉」如菠菜、莧菜等，或是去皮去籽的瓜果類如大黃瓜、哈密瓜、蓮霧等，以及各種過濾的蔬果汁以補充營養，避免刺激腸胃蠕動。

造成狗狗嘔吐的原因很多，一般狗狗多發生在餵食的時候，例如吃太快、吃太多、腸胃本身比較弱，或是餵食習慣不規律、剛吃飽後運動太激烈。如果狗狗不是在吃飯的時候嘔吐，飼主就要觀察牠是否精神不濟、食欲不佳，盡早帶去就醫，確認是否有疾病或是吞入異物造成。如果嘔吐的顏色是黃黃綠綠的，很有可能是胃腸潰瘍造成；如果是咖啡色，可能是胃出血等問題。

狗狗若突然出現食慾不振或精神不佳，有可能是腸胃炎的症狀，應立即留意飲食。

生食或冰冷餵食提醒

中醫說「胃中之氣盛，則能食而不傷」，意思是脾胃能將營養運送至全身，使元氣充足；冰冷的食物往往需要腸胃花費更多的能量去分解和消化，容易造成胃的損傷。從中獸醫的角度來看，胃受到傷害，脾臟必定會試著進行修復工作，使得脾臟負擔增加，久了就形成脾氣虛，造成狗狗食欲下降，時常軟便或是拉肚子、虛胖、皮膚病，嚴重的話，則會造成心臟病、腎臟病。

其實生食生肉從獸醫師角度來說，也算寵物鮮食的一種。很多飼主給狗狗生食生肉，認為符合牠們的原始習性，且有些食材生鮮時較能保存酵素和維生素。但其實大部分食材加熱後並不會流失太多營養，甚至有些食材適當加熱，比生食營養更高。

如果家裡狗狗腸胃原本就很敏感，不建議餵食生菜沙拉或肉凍這類冰涼的食物。尤其毛小孩們常常大口吞嚥食物，如果還沒完全退冰，不僅造成胃痛，甚至會有頭痛、肌肉緊繃的情形，而主人往往只覺得牠看起來不舒服且懶懶的、會嘔吐，越喝水越吐，不易察覺問題所在，一旦出現症狀時就嚴重了。

除了要留意新鮮問題外，最被詬病的就是沙門氏菌感染，容易造成血痢、發燒、腹痛、嘔吐等，嚴重的話還會影響到人，造成腸胃道問題和發燒。因此切記處理生食前後，一定要勤洗手，盡量保持環境衛生。

糞便是飲食調整的指標

許多飼主和我一樣每餐都以鮮食做為毛小孩的主餐，常常花許多時間在買菜、烹煮上，經常花費心思變化出各式食材及花樣，希望讓寶貝愛犬吃得到滿滿的健康和愛。有些飼主因為平日工作忙碌，所以選購進口或有機的乾糧、生肉餵食。不管是吃鮮食還是乾糧、罐頭，要怎麼知道吃得健不健康、均不均衡？其實可以從幾個地方看出來：包括狗狗的精神狀態、毛色與生長情況，以及最容易觀察的糞便。正常的便便顏色呈暗棕色，且便形完整，容易撿起不留痕跡，聞起來氣味偏淡。如果便便偏硬且油亮，大多是吃的乾糧較油，或是攝取過多肉食、含油量較高所引起；便便太硬又乾或是糞便中顆粒較大，則多是水量補充不足，或是久便、便秘造成；便便如果帶血絲或腸黏膜，可能是腸胃出問題或是消化不良，也有可能是寄生蟲問題，最好趕緊帶去醫院做檢查，找出原因。

一般長期吃鮮食的狗狗，糞便大多較濕潤且成形、味道也較不臭，糞便會比吃乾糧的狗狗來得少。偶爾可能會有因為纖維質或蔬菜的攝取量過多，食材中水分較多有軟便情況，或是肉類蛋白質攝取過多，糞便比較有臭味，但只要糞便還成形就是正常的。另外如果餵食的鮮食或濕糧中含有碗豆、青豆、綠豆或黃豆粉等豆類，可能會讓便便的顏色變灰綠或淺黃色；或是餵食紅色火龍果、紫色高麗菜會讓便便帶點紅或紫，只要便便還是成形，就不用太擔心。

平常餵食生冷蔬菜、鮮食凍、肉粥的狗狗，也有可能因為體質關係，或是食物含水量較高，容易有軟便或偏水等情況，建議最好還是視狗狗體質作調整，盡量提供常溫食物。另外粥類食物偶爾餵食可以，不能長期吃，否則對腸胃消化功能有害，建議可改挑含水量高的食材，或是烹煮鮮食時加點水或高湯來增加含水量。

長期吃乾糧的狗狗，如果糞便看起來太油亮、顏色過黑，或是糞便過乾、過硬，味道太臭，就表示目前餵食的乾糧可能脂肪或油分比例太高，或是原物料用料品質較差，建議更換其他品牌飼料或交叉餵食。

如果狗狗常拉水便或血便，伴隨黏膜一起拉出，表示有腸胃疾病或問題，最好帶去給專業獸醫診治。狗狗總是拉不成形的軟便，一般來說如果沒有發燒或是出現精神委靡、嚴重嘔吐等症狀、體內有寄生蟲問題（可能伴隨血絲），只是常常便便不成形，或是拉的量較多、拉得少但黏黏的，食欲都算正常的話，很有可能是因為腸胃的消化酵素分泌不足或是腸內菌群失調所引起，最好還是找醫生化驗大便確認。

毛小孩和我們一樣，也會因心情影響腸胃狀況。平日飼主若能以平和的語氣及態度對待牠們，經常安撫和擁抱牠們，給予十足的安全感，加上每天帶牠們外出散步，從事適當的活動，對於正常排便，也會有所幫助。

毛小孩罹患肝臟、胰臟疾病怎麼吃？

從西醫的角度來看，狗狗會罹患肝臟方面疾病或肝指數偏高，最常見的原因包括：細菌或病毒感染、甲狀腺功能亢進、糖尿病、藥物（如退燒藥或抗痙攣藥、驅蟲藥、心絲蟲治藥等）或誤食有毒植物、化學品引起中毒、脂肪肝、肝囊腫、肝血腫、肝膿瘍、內分泌性肝病、膽管肝炎、膽汁鬱積性肝病、先天異常與腫瘤等。如果肝臟發生嚴重疾病時，會有嘔吐、下痢、體重減輕、口渴多尿，甚至伴隨黃疸、腹水、癲癇、凝血功能異常（傷口出血不止、血便、吐血、皮膚瘀青、血斑）、神經性症狀等危及生命安全。

而從中醫的觀點來看，除了肝本身的問題，肝跟脾（腸胃）關係最密切，所以當肝有問題時，腸胃症狀可能同時出現，此時也需要做其他器官的檢查確認。在臨床上常常會遇到沒有明顯症狀，檢查結果都正常，但驗血時肝指數一直偏高，找不出原因的案例；或是狗狗經常情緒起伏太大，影響生理、食欲與精神不振，造成肝指數過高。

就中醫的角度而言，肝臟跟腸胃影響密切，若出現肝臟問題，應帶毛小孩去做進一步的檢查。

倘若狗狗肝臟的代謝能力變差，飼主在飲食上要留意：

1.挑選容易消化的白米飯且足量（配合體重）餵食，偶爾可以加點胚芽米、薏仁、燕麥、五穀雜糧，幫助腸道蠕動與排便。
2.以魚類和羊奶、蛋及植物性蛋白質食物如毛豆、黃豆及其製品、紅豆、黑豆等為首選，避免餵食動物性肉類造成肝臟負擔。
3.最好選用由中鏈脂肪酸構成的天然椰子油烹煮。
4.多攝取深綠色蔬菜及富含維生素C、E、K、B群（尤其是B1、B12）的蔬果，如胡蘿蔔、綠花椰菜、海藻海帶、馬鈴薯、高麗菜、菠菜、番茄、莓類和枸杞。
5.每天可少量多餐餵食，減少「氨」的吸收量，因為動物體內的「氨」是靠肝臟來代謝，轉換成尿素排出或是排入腸內再利用。如果肝臟不好，代謝功能變差，體內的氨濃度太高，自然會讓肝臟受損出現問題。建議飼主可以一天餵食4-6次，每餐間隔3-4小時。
6.避免餵食零食、甜點，養成良好睡眠與作息習慣。

狗狗罹患胰臟炎的主要原因，大多是平常餵食過油或高熱量食物。

通常醫生告知狗狗有胰臟炎問題，是因為胰臟酶濃度的測試出現藍點反應。但一般來說很可能只有輕微腸胃炎症狀，或胰臟有發炎問題而已，正常情況之下，只要讓狗狗空腹1-2天就會改善。如果真的罹患急性胰臟炎，必須立刻送醫急救。

如果只是輕微腸胃炎或胰臟有問題，飼主要掌握少油、少鹽、少調味的餵食原則，尤其要避免太油膩的食物或高湯。千萬不要餵食平常人吃的食物，尤其是薑母鴨、麻油雞、炸雞、薯條、漢堡等太油又高膽固醇、高熱量的食物。

高熱量的零食或甜點，可能會造成狗狗內臟的負擔。

適合肥胖、糖尿病狗狗的低GI食材

和人類一樣，越來越多的狗狗患有肥胖、糖尿病及心血管疾病，除了先天性遺傳及年紀增長影響，主要的原因都是來自於飼主長期營養照顧的失衡，譬如餵食的飼料、零食或肉類脂肪含量太高，造成體內脂肪堆積過多，但是又沒有讓牠們維持良好的運動習慣，使得能量的攝取與消耗之間失去平衡。

有糖尿病的狗狗通常會伴隨其他需要治療的問題，例如心臟、腎臟疾病和貧血等問題，或是經常尿道感染、皮膚問題感染，甚至胰臟發炎、庫欣氏症、甲狀腺疾病或癌症。飼主最好在送醫診斷時做額外的血液和尿液試驗，也可以做胸部X光和腹部超音波確認。

目前幾乎所有的糖尿病狗都是屬於第1型糖尿病，也就是牠們的胰臟不會製造胰島素，使細胞無法利用血液中的葡萄糖產生正常的能量，因此當血糖值增高時，容易感到飢餓，吃更多。

但儘管吃得多，因為胰島素不足，無法將葡萄糖送至細胞裡轉換成能量，使得血液中葡萄糖過多分泌到尿液中，因此狗狗會感到口渴，造成吃多、喝多且尿更多，產生惡性循環，引起糖尿病及心血管疾病。

針對肥胖、糖尿病、心血管問題狗狗，通常獸醫都會建議吃處方飼料為主，避免餵食其他東西來控制病情及體重。不過由於處方飼料的含脂量較低，因此口味及香味常常無法引起狗狗的食欲，讓不少飼主傷透腦筋，不知該怎麼辦才好？

這裡提供一些低GI（Glycemic Index升糖指數）食材給飼主們參考，它們都是屬於含糖量較低、纖維量高、容易有飽足感的天然食材，可以避免血糖上升過快、幫助控制或減輕體重，還可以控制血脂肪濃度，降低三酸甘油脂等。包括：糙米、燕麥、多穀米、綠豆、黃豆及其製品，苦瓜、蘆筍、空心菜、芹菜、白蘿蔔、冬瓜、木耳、海帶、番茄、蘋果、芭樂等。另外肉類部分宜選魚肉為主。

但是烹煮上還是要注意：
1.以少油或無油方式烹調，炒、煮、煎、蒸都可以。
2.餵食份量要拿捏，不要吃過量（照正常體重比例餵食即可）。
3.蔬菜水果要避免打成果汁果泥餵食，容易造成血糖上升變快。
4.每餐最好一飯（五穀米或糙米）+一肉（至少一種肉，視體重比例餵食）+三菜（綠色蔬菜搭配有色蔬菜至少3種以上）均衡餵食。

正常犬貓每餐餵食量與比例

無論是餵食狗狗還是貓咪，飼主一定要把握經常更換飲水，及每餐新鮮的餵食原則，避免細菌和螞蟻滋生。

以正常成犬體重5公斤舉例，每餐餵食100克，則一飯一肉三菜比例為4：3：3，或是3：3：4，當然不加米飯也可以。因為現在毛小孩大多有活動量不足、蛋白質攝取較多問題，所以建議澱粉類和肉類比例可以少一點，提高蔬果的餵食比例，增加營養素和水分補充。飼主也可自行斟酌年齡、肥胖問題等需求另行調整。

正常成犬每餐餵食量參考（視犬種不同／一天二餐）

體重5公斤以下：50-100克／餐
體重5-10公斤：100-200克／餐
體重10-15公斤：150-300克／餐
體重15-20公斤：200-350克／餐
體重20-25公斤：250-400克／餐
體重25-30公斤：300-450克／餐
體重30公斤以上：400-500克／餐

貓咪是很有個性的動物，但因為天生的狩獵與習性，最好餵食時安排一個安靜、無強光照射的地方給食，並固定餵食用碗具和位置，能定時定點餵食最好。而且和狗狗經常狼吞虎嚥、吃得飛快習性不同，貓咪吃飯則顯得優雅和緩慢小口許多，因此正常成貓一天餵食量可在2-3餐，每餐的份量可以參考體重體格與喜好來斟酌。

餵食貓咪可參考二種比例：

A.（肉、魚）：（穀類）：（蔬菜）＝7：1：2

B.（肉、魚）：（蔬菜）＝8：2

正常成貓每天餵食量參考

（具體還是要看餵食乾濕糧含水量及熱量來增減）

體重3公斤以下：40-50克／天

體重3-5公斤：50-80克／天

體重5-7公斤：80-100克／天

體重8公斤以上：100克／天

低 GI 食物可以幫助毛小孩控制體重，
降低心血管疾病的風險。

筋骨關節問題怎麼吃？

我家斑比今年已經12-13歲，大部分時間都宅在家裡，從不讓牠有跳上跳下、抓我的腿站立的機會，平常抱起牠也很注意持平，沒想到在2年多前，有一次牠無預警地突然後腿整個癱瘓，必須緊急送醫院照CT與做脊椎手術治療。雖說這是臘腸最容易好發的脊椎毛病，但真的發生在自己身上的時候，還是會覺得無法接受，前前後後檢查與手術費用是一筆不小的開銷，加上擔心即使手術治療好了再復發的機會也很高，讓我的心情十分沉重。

幸好斑比平常都是吃我親手料理的鮮食，營養均衡足夠，所以術後不到一個療程結束前就已恢復良好，連醫生都覺得非常神奇。

很多狗狗隨著年紀增長、肥胖、遺傳，常有關節疼痛、退化性關節炎或是骨質疏鬆等症狀產生。平常狗狗活動過於激烈，經常跳上跳下、玩耍時摔倒、不小心發生骨折，如果沒有即時發現與治療，容易造成肌肉萎縮、持續疼痛，嚴重的話會引起退化性關節炎等病變，飼主千萬不可大意。還有更重要的是，一定要幫助控制犬貓體重，才不會造成身體與關節負擔，加速磨損。

有些狗狗興奮時會站立，但其實這種動作對關節會造成很大的負擔，甚至有癱瘓風險。

基本上要維持骨骼關節健康，除了鈣質，還需要磷、微量元素、膠原蛋白、維生素D、K及維生素C等各種營養共同作用，才能發揮完整功效。所以最重要還是平常要注重營養均衡，如果因為年紀大或有症狀需求，再適度補充特定元素來加強維繫。例如補充鈣質雖然對於關節本身沒有直接的效果，但整體而言仍能保護關節。

如果平時以餵食狗狗乾糧為主，或是偏食、消化不良造成鈣質缺乏，沒有適時補充鈣質營養素，骨骼關節很容易發生磨損。在日常中可以餵食高鈣食物，除了乳製品外，綠色蔬菜如芥藍菜、高麗菜、莧菜、花椰菜等也是非常好的選擇。其他補鈣食材還有豆芽菜、萵苣、芹菜、油菜、菇類、蘆筍、芝麻、黑豆、荸薺、山藥、海帶、枸杞、腰果、全穀類等。

另外營養價值高的秋葵，可以幫助消化、健胃整腸，它的鈣含量和牛奶不相上下，這對於因患有乳糖不適症無法喝牛奶，或是有泌尿道、腎結石等不敢喝牛奶者，都有很大的幫助。

秋葵含有特殊的藥效成分，能強腎補虛、細緻皮膚，尤其適合有癌症、胃潰瘍、貧血、糖尿病的狗狗食用。不過秋葵屬於性味偏寒涼的蔬菜，所以胃腸虛寒或經常腹瀉的狗狗不可多食。

蛋白質如牛肉、豬肉、魚類、蛋、豆腐、海藻等食材也都含有豐富鈣質，但不要過量食用，因為過多的蛋白質容易使鈣質排出體外。所以想把吃下肚的鈣質存成骨本，絕不是以量取勝，而要搭配營養均衡的食材，才能達到最佳吸收效果，同時要做適當的日曬和運動，幫助鈣質吸收，增加骨質密度。

另外提醒大家，最好盡量避免讓狗狗在床或沙發、椅子跳上跳下，或是過度興奮地直立、想要跳抓主人的腿部等動作，以免傷害關節；狗狗坐車出遊時，飼主一定要幫牠們固定好座位，不要獨留牠們在寬敞的後座恣意行動，以免突然煞車往前跌落座位，造成危險及癱瘓喔！

十字韌帶受傷

十字韌帶退化斷裂是狗狗常見的問題，由於狗狗正常站立或行走時，膝蓋總是維持彎曲的姿勢，因此長時間下來，會使得膝關節中的韌帶承受較大的張力，比較容易受傷和斷裂。

傳統治療方法是裝置人工韌帶，需要2到3個月的恢復期，術後復健及照顧上更要格外注意，並且補充營養。

狗狗十字肌腱韌帶受傷，最主要的就是補足肝血，可以補充糯米、黑米、高粱、黍米、紅棗、桂圓、核桃、栗子、魚肉、牛肉、豬肚、排骨肉、鯽魚、鰻魚、海參、豬肝等；蔬菜如菠菜、薺菜、黃豆芽、綠豆芽、香菜、春筍、萵筍、芹菜、油菜、菇類和木耳等。還有不要讓毛小孩攝取過多酸性食物，像大部分的肉類皆是屬於酸性食物。

中藥部分如黨參、黃耆、紅棗、山藥、紅棗、桂圓、菊花、枸杞和白木耳等，對於韌帶受傷有不錯的效果。

此外，要讓毛小孩養成正常的作息，不要讓牠們陪著熬夜工作、上網、看電視，讓身體獲得充分的休息。

補充膠原蛋白，鈣質不流失

膠原蛋白對支撐全身體重、活動的骨骼、軟骨、韌帶有很大的幫助，缺乏膠原蛋白，鈣質就容易流失，骨質密度會降低，容易出現骨質疏鬆等問題。軟骨中的膠原蛋白含量減少，毛小孩在運動、活動關節時少了骨骼和關節間的潤滑度，退化性關節炎就會提前發生。

平常多攝取脂肪含量較低的魚肉、雞肉、豬肉、牛肉、牛奶、蛋、豆類等蛋白質食物，可以讓體內自行合成膠原蛋白的氨基酸原料。許多飼主以為可以多吃豬腳、豬耳朵、軟骨、雞冠、雞腳等來補充，但其實這些食物雖然富含膠原蛋白，相對地脂肪含量也高，吃多了會造成膽固醇與肥胖等問題，對有腎臟疾病毛孩更要忌食。

有些蔬果的膠質結構與膠原蛋白近似，攝取後一樣可以取得體內合成膠原蛋白的氨基酸原料，例如木耳、大豆、山藥、秋葵、紅棗、納豆、胡蘿蔔、蘆薈、珊瑚草、愛玉、蘋果等。它們含有豐富的膳食纖維與膠質，可幫助腸胃蠕動，加速體內環保，也含有多種必需的維生素與抗氧化成分，經常輪流餵食，對毛小孩的皮膚與健康都有益處。

維生素C是合成膠原蛋白的重要輔助，如果缺乏維生素C，吃進體內的蛋白質，就無法順利分解、合成為膠原蛋白。像柑橘、柳丁、檸檬、草莓、奇異果、芭樂，以及深綠、深黃、深紅色蔬菜等，以及五穀雜糧等全穀類食物、堅果類，都含有不少維生素E和胡蘿蔔素，這些平價又美味的健康食材，可以多加利用。

天然維骨力

鈣和磷是促進人體和動物生長的重要元素，對牙齒和骨骼的發育，扮演著不可或缺的角色。尤其是長期餵食乾糧的狗狗，容易有營養素缺乏問題，所以很多飼主會特別購買「鈣磷粉」或「維骨力」，給正在發育成長的幼犬、老犬，或是妊娠期及泌乳期鈣磷不足的母犬，預防佝僂症、軟骨症、骨質疏鬆及增加泌乳量。

事實上從天然食材中攝取，更能達到營養照顧。許多深綠色蔬菜如：菠菜、花椰菜、空心菜、甘藍菜、油菜、芹菜等，富含豐富的維生素K、鎂、鉀和胡蘿蔔素、維生素C，可以幫助骨骼生長。

除了鈣質含量比牛奶高的秋葵，荸薺中含的磷也是根莖類蔬菜中最高的。它口感甜脆，營養豐富，能促進體內代謝，調節身體的酸鹼平衡，還能抑制流感病毒及腸胃中的不良細菌孳生。

平日烹煮料理時，和排骨一起燉湯，搭配其他蔬菜和肉絲一起清炒，或是切丁加入絞肉做成肉丸或獅子頭，打成泥做成甜食馬蹄條等。但切忌不要生吃，另外脾胃虛寒或血瘀體質，也不適宜多吃。

荸薺含有根莖類蔬菜中最高的磷，能促進新陳代謝。

營養豐富的健康補給品：小丁香魚

不同於多數海鮮屬性較寒涼，看起來不起眼的丁香魚屬性溫和。根據古書記載，吃丁香魚可以止瀉且生津開胃；從現代營養學觀點來看，小魚乾的鈣質含量比牛奶高出20倍，每10公克的小魚乾鈣含量高達221毫克，以每日建議攝取量1000毫克計算，就占了22%的比例，而且還含有EPA、DHA、蛋白質能預防心血管等疾病，在魚類裡可說首屈一指。

丁香魚魚骨較軟，可以連肉帶骨吃下去，新鮮丁香魚含有水分，所以鈣含量比丁香魚乾來得低，因此對狗狗來說最健康的吃法，就是用小火慢慢炒成小魚乾！

平日除了當作寶貝的零食或加入飯菜裡，也可以煮成粥餵食，補充鈣質及營養。

不過要特別提醒的是，丁香魚的鈉含量不低，屬於高普林食物，所以如果狗狗有高血壓、心血管疾病或是有腎臟病等，餵食時要注意。

心臟病的飲食照護

和我們人類一樣，毛小孩也患心臟病的可能。原因很多，包括先天性心臟問題、過度肥胖導致高血脂等心血管問題、年紀增長造成器官自然衰竭、風濕熱感染後心臟病變異常、因為貧血或其他腫瘤疾病引起心血管病變等。

入冬後低溫是許多年紀較長的狗狗發生心臟病猝死的常見原因，寵愛毛小孩的家長們，千萬不能掉以輕心。除了天氣變化時要特別注意保暖外，平時的飲食照護也很重要，盡量提供均衡的營養，多餵食蔬菜水果及纖維量較高的五穀米，降低膽固醇，預防心臟病。

平日可多餵食對心血管有益的食物，如木耳、山藥、菠菜、青花椰菜、甘藍菜芽、毛豆、豆腐、蘆筍、南瓜、地瓜、胡蘿蔔、番茄、小黃瓜、紅豆、蓮子、百合、杏仁、燕麥、蘋果、香蕉、橘子、芭樂、柳丁及堅果等。肉類部分可多吃魚攝取omega-3保護心臟，如鮭魚、鯖魚、秋刀魚等，並避免高鹽食物如起士、燉肉、內臟、全蛋。烹煮鮮食時，不妨用最簡單的電鍋蒸煮，盡量挑選根莖類蔬菜比較不會讓營養流失或變色。

豆腐等食品對心血管疾病有益，若要預防心臟病應從日常飲食做起。

燕麥是護心好食物

燕麥有動物需要的氨基酸與維生素E、維生素B1、B2、葉酸及鈣、磷、鐵、鋅、錳等多種礦物質與微量元素。含有豐富的可溶性與不可溶性膳食纖維，營養價值。

傳統的麥片是由燕麥烘乾做成的，和市售的即食麥片加工過程中摻入糖分、果乾，營養多已流失不同，需要烹煮20-30分鐘才能食用。在麥片煮好放涼的過程中，會發現它變得黏稠，甚至在表面會形成一層半透明的厚膜，具有降血脂、降血糖、容易飽腹的效果，煮出來的麥片越黏稠，效果也越好。

麥片的蛋白質含量也是所有穀類之冠。它特有的多酚抗氧化物質，被認為具有抗發炎與心臟保健的功效。因此，飼主可以參考用來製作點心或偶爾取代米飯來餵食。

麥片的蛋白質含量是所有穀類最高的，做為零食的替代品會是健康的好選擇。

遠離眼疾怎麼吃？

毛小孩除了因為遺傳問題，導致各種眼睛疾病如視網膜剝落或萎縮、青光眼、白內障、眼瞼內翻或異常、淚眼症，也有可能因睫毛倒插或容易情緒緊張、分離焦慮、缺乏安全感引起淚痕，或是因為細菌感染等引起眼睛各種症狀。基本上都可以從給予營養充分的鮮食中獲得改善。

為了毛小孩眼睛健康著想，平時可多餵食如紅蘿蔔、南瓜、高麗菜、紫薯、青椒、糙米、胚芽米、肝臟、瘦肉、牛奶、豆類、綠色蔬菜、芭樂、奇異果、橘子、堅果類、魚肉等食物。另外根據症狀或季節，加入一些降火氣的食材烹煮，如冬瓜、西瓜、綠豆、薏仁等。

不管什麼體質的狗狗都適合食用的青江菜，含有豐富的維他命Ｃ、鈣質及葉酸，能除煩躁、解熱、通腸胃消化、去油解膩、治療便秘。青江菜纖維細嫩，很適合給狗狗吃，能幫助開胃、維持牙齒、骨骼的強壯。它富含β胡蘿蔔素與維他命Ａ，除了有助於防癌、預防老化、滋潤皮膚，對於眼睛的保養也有幫助。

維生素B群是保護視神經及預防白內障很重要的營養素，包括動物內臟及肉、蛋、牛奶、糙米、黃豆、芝麻、全穀類、蕎麥、栗子、豌豆及綠色葉菜類等，都富含維生素B群。而維生素C是很重要的抗氧化營養素，維生素Ｅ能抗氧化及維持細胞功能，缺乏時也容易發生白內障。

青江菜含有豐富的維他命Ｃ，適合各種體質的狗狗吃。

白內障調理

白內障是原本透明清澈的水晶體變得混濁，因而造成視網膜模糊。一般來說老化是造成白內障的主因，但也會因為環境或體質的改變，如外傷、藥物、糖尿病、新陳代謝異常而提早產生。針對輕微症狀多採取點眼藥來減緩白內障症狀，嚴重到幾乎失明才會考慮開刀。

目前狗狗眼科醫療技術非常進步，在白內障未完全成熟時進行手術成功率極高。很多失敗案例在於術後的照顧，因為狗狗不懂得保護自己，只知道癢了就去抓、去磨，導致無法恢復正常視力。

以中醫觀點而言，狗狗白內障就是圓翳內障，先天不足或是肝腎陰虛最為常見。其他原因如脾虛、肝經風熱、陰虛濕熱甚至外傷等，治療方式也會不同，例如肝腎陰虛，主要滋養肝腎，肝經風熱則需平肝清熱且疏風，陰虛濕熱以養陰、清熱、除濕為主。

就跟人類一樣，狗狗也會因為老化而產生白內障，除了手術的治療，用中醫食補也能夠改善視力。

市面上有些中藥已有科學證實，對改善中老年人的白內障視力有所幫助，如杞菊地黃丸、消障明目丸、消障靈等等。雖然對於狗狗尚未有研究報告證實，但在初期症狀時可以一邊點眼藥一邊食療來改善。此外搭配針灸也可以加強療效。

乾眼症

乾眼症是因為淚腺功能降低或喪失導致淚液量或質不足而產生眼睛的病變，且引起的原因很多，是無法完全根治的一種眼科疾病，但仍可以藥物如促進淚腺功能眼油劑、動物用人工淚液、局部眼用廣效性抗生素或飲食來做控制和舒緩。當罹患乾眼症時會造成眼睛反覆的發炎及感染、眼屎及眼睛分泌物變多、眼白部位較紅充血、眼角膜乾燥失去光澤且沉澱黑色素，眼角膜病變隨著時間會持續惡化至失明並且有角膜潰瘍受損甚至穿孔。餵食上可多補充魚肉和維生素A、C及B群食材像球莖甘藍、綠色花椰菜、彩椒和菠菜、大白菜、空心菜、番茄、紅蘿蔔、南瓜、蘆筍、地瓜、黃豆、芝麻、核桃、枸杞、哈密瓜、奇異果、草莓、柑橘和木瓜等。

中醫護眼飲品

菊花有去風熱、養肝明目的功效，用30-60克的菊花或是將42克的枸杞子煮成水後在常溫中放涼給毛孩喝，但給食時記得菊花要取出避免餵食比較安全。

孕犬媽咪這樣吃

首先大家必須有一個正確的觀念，在狗狗還沒懷孕前，就要給予營養均衡的餵食，而不是等到懷孕之後才大補特補。狗狗懷孕時只要飲食正常、食欲良好，其實是不需要吃太多補品的。

正常母犬懷孕期約60天、前後約8-10周，但前3周還是胎兒著床時期，有發育不良或流產的危險，所以懷孕初期一個月，不需要刻意特別照護和補充營養。懷孕30天以後，可以採用少量多餐，讓狗媽媽有比較充足的時間消化吸收。

狗狗懷孕初期一個月內左右，可能會伴隨嘔吐、食欲不振、沒精神與嗜睡等現象，腹部明顯增大，乳頭顏色從淡粉紅變深粉紅色，乳房下垂、乳頭旁的毛脫落，大概持續二十天左右，有些狗狗會變得對人的警戒心增強。這個時期可以補充鈣質和富含維生素的食材如花椰菜、深綠色蔬菜、高麗菜、芝麻、小魚乾、山藥或保健品，搭配適度活動，避免發胖過快影響生產，並注意不要讓牠跳上椅子、床舖或跳高等動作，注意上下樓梯安全。

進入第二個月到生產前，狗狗變得頻尿，由於這時狗寶寶每天都在發育成長，從母體吸收的營養變多，因此餵食量可以改為少量多餐，挑選較溫和且富含水分的食材，如花椰菜、菠菜、茼蒿、紅蘿蔔、番茄、四季豆、蘋果、熟雞蛋、雞肉、魚肉等，補充熱量、礦物質和維生素。生產前可以稍微減少餵食量，盡量挑選容易消化的食物或乾糧，給予足夠的休息，以及乾淨、通風的待產環境。

狗狗懷孕期，主人經常給予適度安撫，可以幫助牠舒緩不安的情緒，並注意不要餵食太寒、涼性或有通便潤腸效果的食材如木瓜、蘆薈、薏仁、海帶、海菜、木耳、荸薺等避免流產，或是引起荷爾蒙失調的蝦蟹，而過燥的牛肉、

除了產前產後的飲食調養，主人給予適度安撫能舒緩狗媽咪的不安情緒。

羊肉、鹿肉、肝臟、人蔘等，也會加速血液循環，造成體熱。

至於產後可以補充補氣補血的食材如山藥、香菇、芝麻、紅棗（去籽）、紅豆、豬肝、黑木耳、黑豆和少量的紅糖。如果乳汁太少，則可適量餵食鯽魚、烏骨雞、豆腐、碗豆、茭白筍、紅豆、花生、牛奶等，促進乳汁分泌。

癌犬療養這樣吃

誘發現代犬貓癌症的因素除了和品種遺傳、體質有關，主要也和飲食及生活作息有著密不可分的關係。尤其是飼主餵食的食物量過多、熱量過高、過油或營養不均衡，或是餵食的食品含太多添加劑、毒素，導致身體過胖，內分泌失調，長期毒素累積無法代謝，加上缺乏給牠們足夠的活動，甚至是經常伴隨飼主熬夜、作息紊亂，也都有可能增加致癌的風險與機會。

因此為什麼我經常建議飼主，餵食上多攝取均衡的六大類食物，並控制餵食量，避免餵食含有添加物或精製過的食品，才能真正吃到需求的營養，照顧健康。尤其是正在腫瘤癌症治療期間的毛孩，務必依據接受的治療種類及症狀情況，詢問主治的專業獸醫師來做調整。

對於剛診斷出罹患初期癌症的狗狗，飼主要配合病情狀況，適度預防體重減輕，增加對治療或感染的抵抗力，同時減少治療可能引起的副作用，促進復元與併發症。餵食上要營養均衡，可改以少量多餐方式，烹調上多點變化或加點米飯增進食慾，如早上一點香菇山藥粥，中午一盤木耳肉絲蛋炒飯，晚上一碗何首烏燉雞湯等，幫助補充身體熱量及營養。多補充身體能量來源，如肉、蛋、魚、牛奶、豆類製品等蛋白質豐富的食物都可替換餵食。

紅蘿蔔等抗氧化的食材有助於毛孩抗癌。

有助毛孩抗癌、抗發炎及抗氧化的食材如紅蘿蔔、白蘿蔔、甘藍、番茄、蘆筍、白菜、刀豆、馬鈴薯、豆芽、菜豆、豆腐、黃瓜、苦瓜、黑木耳、白木耳、香菇、甜椒、菠菜、芥藍、花椰菜、高麗菜、地瓜葉、南瓜、地瓜、杏仁、葵瓜子、腰果、糙米、雜糧、枸杞、蓮子、荸薺、菱角、大紅棗、核桃、蘋果、香蕉、柑橘等及鮭魚、鮪魚、鯖魚（小型青花魚）、鯡魚、大比目魚等深海魚類。

在癌症治療期間，最好不要自己額外再餵食高劑量的維他命、保健食品、中草藥等，避免營養過量可能會增加癌症的復發率，或影響正規藥物的治療效果。目前已有國內外許多臨床實證，動物中醫有助腫瘤癌症的輔助治療，尤其是對舒緩化療時各種身體不適情況最為明顯。中獸醫可依病況給予針灸或穴位按摩，調整免疫力，成功輔助對抗癌細胞。

本書食材總整理

- **含水量高的蔬菜：**
  青江菜、菠菜、莧菜、花椰菜、胡瓜、絲瓜、苦瓜、番茄、豆芽、蘆筍、茭白筍、芹菜、香菇

- **補鈣：**
  花椰菜、秋葵、豆芽菜、莧菜、芥藍、高麗菜、萵苣、芹菜、油菜、菇類、蘆筍、芝麻、黑豆、小魚乾、荸薺、山藥、海帶、枸杞、腰果、全穀類、肝臟

- **清熱解毒：**
  薏仁、苦瓜、絲瓜、綠豆、海帶、黑豆、豆芽菜、小黃瓜、胡瓜、冬瓜、紅豆、芹菜、芥藍、含芯蓮子

- **天然鮮甜味食材：**
  高麗菜、大白菜、天津白菜、紅蘿蔔、白蘿蔔、枸杞、荸薺、番茄、南瓜、地瓜、胡瓜、絲瓜、蒲瓜、香菇、玉米筍、山藥、蓮藕、冬瓜、菱角、青豆、枸杞、各種肉類

- **護膚：**

  菠菜、海藻、海帶、芝麻、小米、燕麥、蕎麥、黃豆、黑豆、熟雞蛋、牛奶及乳製品、富含Omega-3食材（核桃、亞麻仁油、鮭魚、金槍魚、鯡魚、鯖魚等）

- **改善肥胖、糖尿病、心血管問題：**

  糙米、燕麥、五穀米、綠豆、黃豆、苦瓜、蘆筍、空心菜、地瓜葉、櫛瓜、芹菜、白蘿蔔、冬瓜、木耳、海帶、番茄、蘋果、芭樂
  肉類以魚肉為主

- **改善腎衰竭、皮膚問題、濕熱體質：**

  如牛肉、羊肉、雞肉、鮭魚、豬肝、雞蛋

- **益氣補脾：**

  火雞肉、鴨肉、鴨蛋

- **含植物性蛋白質：**

  南瓜子、蘆筍、菠菜、花椰菜、綠豆芽、南瓜、紅蘿蔔、馬鈴薯、地瓜、黃豆、紅豆、綠豆、花生、燕麥、杏仁、藜麥

- **改善腎臟或泌尿結石：**

  鹼性：菠菜、紅（白）蘿蔔、馬鈴薯、牛蒡、高麗菜、南瓜、地瓜、蓮藕、黃瓜、香菇、百合、芥菜、甘藍、海帶、香蕉、草莓、橘子、蘋果、柿子、梨、西瓜、蛋白、牛乳、紅豆、豆腐、黃豆、豆漿、小米、杏仁、栗子
  酸性：肉類、燕麥、胚芽米、蕎麥、白米、大麥、花生、豌豆、芝麻

- **對心血管有益：**

木耳、山藥、菠菜、綠花椰菜、甘藍菜、毛豆、豆腐、蘆筍、南瓜、地瓜、胡蘿蔔、番茄、小黃瓜、紅豆、蓮子、百合、杏仁、燕麥、蘋果、香蕉、橘子、芭樂、柳丁及堅果等

魚類：含omega-3，如鮭魚、鯖魚、秋刀魚等

- **改善肝臟疾病：**

白米、胚芽米、薏仁、燕麥、魚類、羊奶、蛋及植物性蛋白質，如毛豆、黃豆及其製品、紅豆、黑豆等

富含維生素C、E、K、B群（尤其是B1、B12）的蔬果，如胡蘿蔔、綠花椰菜、海藻、海帶、馬鈴薯、高麗菜、菠菜、番茄、莓類

- **護肺潤喉：**

薏仁、芹菜、山藥、蓮藕、白蘿蔔、木耳、香菇、松子、杏仁、核桃、蜂蜜、糙米、枇杷、梨、金桔、百合、黃耆

- **對十字韌帶受傷有益：**

糯米、黑米、高粱、黍米、紅棗、桂圓、核桃、栗子等堅果類

魚肉、牛肉、豬肚、排骨、鯽魚、鰻魚、海參、豬肝等

菠菜、薺菜、黃豆芽、綠豆芽、香菜、春筍、萵筍、芹菜、油菜、菇類和木耳等

黨參、黃耆、紅棗、山藥、紅棗、桂圓、菊花、枸杞等中藥

Chapter

2

寵膳媽媽的美味廚房

用鮮食寵愛毛小孩

越來越多寵愛毛小孩的家長們，願意花錢買各種狗狗蛋糕、點心或應節的月餅、肉乾、餅乾等，幫毛小孩慶生或獎賞。這雖然是把毛小孩當家人照顧的表現，但這些需要比較花時間精製的點心食品，往往破壞了食材的原貌，剩下的是熱量和澱粉，尤其現在的毛小孩不僅餐餐有肉，連點心也是各式肉乾或起司，反而容易造成肥胖與心血管負擔，罹患各種文明疾病。

現代人重視養生，追求天然飲食，照顧毛小孩也是一樣，自己動手做是最好的料理方式。許多飼主因為工作時間長，或是居住環境不允許開伙，可能無法餐餐都提供自製鮮食，但現在市售的狗狗鮮食品牌很多，也可以選擇有商譽的鮮食、濕糧或乾糧，經常變換餵食。

自製鮮食健康又便利

和許多飼主一樣，我一開始也是參考網路上提供的做法，以水煮雞肉再搭配剁碎的生菜方式做鮮食，可惜挑嘴的望望根本連看都不看一眼。礙於工作繁重，空閒時間不多，所以只好以「自己也可以吃」、「快速完成」為第一優先，想辦法讓飯菜色香味俱全，重點是還能吃到營養。

我認為烹調方式一定要簡單且容易做，才有可能天天餵食。就像「家常菜」的概念一樣，做法就是那幾種，主要是靠食材的搭配與變化。我記得以前媽媽曾說過：「肉要好吃，一定要加點油下去炒才會香。」因此將肉改成熱炒，結果比用水煮還要容易剝成肉絲，時間上更快也更美味！由於肉香四溢，每次從炒肉開始，毛小孩就會叫個不停，連鄰居都知道我家有開伙。

選擇食材時要留意，狗狗的過敏食物來源很多，大部分是對麩質、奶蛋、黃豆、肉類等過敏，不見得是對魚肉海鮮過敏。不妨觀察狗狗的反應，如果每次吃了特定食物以後出現腹瀉、嘔吐或是精神不濟狀況，盡快帶去給獸醫師看，找出過敏原因。盡量跟不同的菜販購買，分散風險；肉類要留意是否有肉品生產履歷比較安全。

通常菜市場裡什麼食材最便宜又是當季盛產我就買回家，或是看家裡冰箱有什麼東西，直接烹煮，快速又方便。大家不妨就地取材，發揮自己的創意，替家裡毛孩動手做鮮食。我相信只要願意用心、付出愛與時間，相信毛孩們都會用行動回報，將整個碗舔得乾乾淨淨，自動幫你洗碗！

事實上，對於工作忙碌、常常外食的飼主來說，這也是造福自己的方式。在未調味前先舀出一部分當作鮮食，適量加入鹽巴等調味料後留給自己吃，同時兼顧彼此的需求，等於一次買齊食材、備料、烹煮，健康又省錢，何樂而不為呢?!

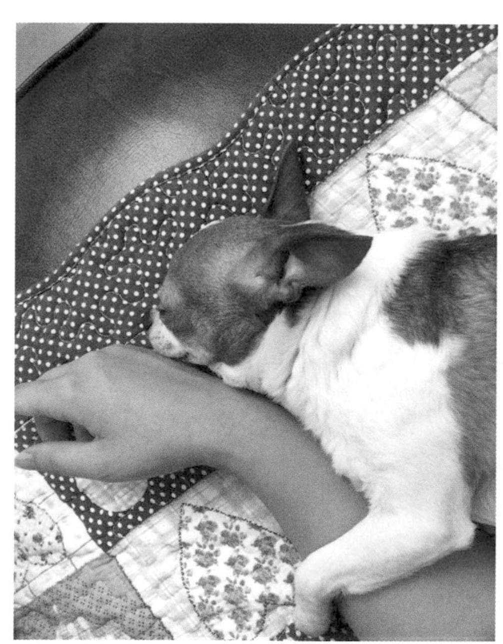

用油

食用油方面，只要避開麻油，基本上不管是椰子油、葵花油、大豆沙拉油、橄欖油、花生油、芥花油，甚至動物油，都可以交替使用。

特別提醒近年流行以亞麻籽油取代具污染風險的魚油，它富含α-亞麻酸，但同時也含有豐富的木脂素與膳食纖維，對於腸胃較弱的狗狗，容易造成輕瀉狀況。對於孕期、患癌、糖尿病、凝血有障礙、正在服藥的毛小孩最好要避免。

一般中小火煎炒：調和油、玄米油、花生油、動物油、椰子油、葵花油、大豆沙拉油

涼拌熟食：橄欖油、南瓜籽油、亞麻籽油

替狗狗準備鮮食時，各式的油品都可以交替使用，但亞麻籽油容易使腸胃較弱的狗狗腹瀉，要特別注意。

🐾鍋具

平時做各式鮮食時我喜歡用炒菜鍋，先將肉炒熟逼出多餘油脂後，放入蔬菜，加上少量水烹煮。除了快速、簡單之外，還可以降低溫度，讓肉、菜的營養不容易流失，同時加速食材熟軟，提高含水量。

除了用炒鍋煎炒之外，也可以用電鍋燉煮，省時又省力。使用電鍋可以把蔬果和肉類用蒸架隔開，避免蒸煮過程中食材出水，味道混淆。建議盡量挑選根莖類蔬菜或白菜類，避免深綠色葉菜類用電鍋蒸煮發黑與流失營養。

很多飼主因為擔心毛小孩不好消化，所以將蔬菜用調理機打成泥，容易造成營養素流失，反而失去原本餵食鮮食的目的，建議可以將葉菜類切碎後烹調。

● 保存方法

建議大家可以一次烹煮3-5天或5-7天份量，利用各式玻璃保鮮盒，將肉、菜、飯分開，切記一定要放涼後再用密封蓋冷藏，餵食前用乾淨乾燥的湯匙取出適量，放在室溫下或微波回溫再餵食；或是料理後放涼按每餐餵食量分裝入夾鏈袋，放入冰箱冷凍，餵食前再取出加熱。

要避免食物放入冰箱容易變質腐敗，請確認家中冰箱冷藏冷凍溫度，冷藏需低於攝氏7度，冷凍需低於攝氏-18度。

我們家狗狗是一天二餐，餐餐餵鮮食，所以每次都是煮約一周的份量，搭配五穀米和易消化的長秈米或白米飯，用不同的玻璃保鮮盒冷藏保鮮，每次餵食前就舀出一定份量，用微波爐稍微回溫（常溫）餵食。

好胃口料理秘訣

通常會讓毛小孩沒食欲的原因，不外乎腸胃不適、生病、牙齒痛、天氣太熱、突然轉換環境等，否則牠們不太可能會放過自動送上門的美食。

想確認狗狗究竟是沒食欲還是挑食，只要拿牠最愛吃的食物做試探，如果願意吃就代表只是嘴巴挑剔，並不是食欲方面的問題。

至於狗狗挑食，則和飼主的照顧方式有很大的關係。例如餐餐都只餵肉食，一旦沒肉可吃，牠們自然就大眼瞪小眼，開始搞罷食；或是主人以為狗狗不能吃任何有油或調味的食物，所以天天都餵食水煮的青菜、肉類，久而久之，食之無味，感到厭食。

因此要讓沒食欲或挑嘴的狗狗胃口大開很簡單，就是一定要滿足牠的「天性」。

食物味道夠香

常常變換烹調的方式，熱炒、燉煮、烤、煎或煨等等，適當加一點油將肉的香味引出，或是搭配有天然鮮甜味的蔬菜食材，如蘿蔔、山藥、香菇、高麗菜、白菜、番茄、蒲瓜、地瓜、南瓜、枸杞等一起烹調，吸引狗狗大快朵頤。

餵食的肉一定要帶油脂

雞胸肉是整隻雞蛋白質含量最高的部位，但油脂含量少，口感容易過柴過老，香氣也不夠。相較之下雞腿肉的油脂剛好，口感也較多汁且嫩，建議可以雞腿肉去骨去皮切丁，拌炒或燉成雞湯，尤其對老犬或生病、術後的狗狗來說最是營養。

搭配適量糙米或多穀米飯

米飯主要成分是碳水化合物，進入身體內能轉成能量，幫助狗狗擁有充足的體力與精神。糙米和五穀米的礦物質及維生素比白米更多，搭配米飯一起餵食更健康。

時常變換菜色

狗狗和我們人類一樣需要六大營養素，飼主如果長期只餵食肉或飼料，不但會讓狗狗有偏食、挑食的情況，更容易造成蛋白質過量，產生肥胖與各種疾病。所以必須常常變換菜色，讓狗狗均衡攝取各種營養素。

香噴噴米飯煮法

想要煮出一鍋粒粒晶瑩飽滿、吃起來香甜又黏度剛好的米飯，應該怎麼做呢？

首先，除了選擇值得信任、產地水源乾淨的米外，購買時最好挑選真空包裝，注意包裝上的生產日期，比較安心。不要因為貪便宜而買大包的米囤積，可以依據家中人口、開伙頻率，選擇剛剛好的包裝米，尤其是臺灣氣候比較潮濕，如果打開後沒有盡快食用完畢，很容易長米蟲或變質。存放的方式可以把米整包封起來，放進冰箱冷凍，或是倒入米桶、真空保鮮罐，放在冰箱裡冷藏，避免水分流失或長蟲。

以下分享讓米飯鬆軟、不黏鍋的方式，給大家參考。

洗米方式：

● 用水量（最好使用同一個量杯）

一般白米飯

日期較近的新米與水的比例為1：1或是1：1.1；如果生產日期較早，可以酌量加水到1：1.2或1：1.3。

五穀米飯

如果你使用的是智慧型電鍋，可以比照白米的用水量，端看偏好的口感作選擇。想讓米飯比較軟一些，建議可以用1：1.35，更好消化與吸收。

如果你使用的是舊型的插電電鍋，以1：1.3或1：1.4比例最適宜，避免黏鍋或不夠熟軟。

什錦豆飯（如白米加入綠豆、紅豆或薏仁等）

以1：1.2或1：1.35比例洗淨。

方法

不管是白米還是多穀米，清洗方式是一樣的。

1.首先將米放在水龍頭下一邊攪動一邊加水至八分滿，再把裡面的水慢慢地倒掉，重複2-3次即完成。

2.家裡有過濾水的話，最後一次改用過濾水來清洗，再把水倒掉瀝乾。

浸泡

米飯真正好吃的關鍵在於預先做好「浸泡」動作。洗米後浸泡30分鐘到一個小時，可以讓米粒充分吸收水分。

如果你使用的是智慧型電鍋，不用浸泡就可以直接放入電鍋；如果使用舊型電鍋，或是烹煮五穀米和糙米，建議最好保留這個步驟。但現代人工作繁忙，真的沒有時間又想達到浸泡效果怎麼辦？可以使用熱開水，大約泡個10分鐘，雖然煮出來的米飯沒有平常好吃，還是可以取巧一下。

燜飯

米飯煮熟後不要馬上掀開鍋蓋，先燜10-15分鐘，讓米熟透，產生甜味。

● **攪拌**

掀開鍋蓋，用飯勺輕輕翻攪，讓飯變得更鬆軟。由於舊型電鍋受熱不均，米飯容易糊掉，這樣做可以保持米飯在美味狀態，粒粒分明。但不要用按壓的方式把飯壓平，這樣會糊在一起，口感較差。

● **tips**

吃不完的米飯，可以置於玻璃保鮮盒中放入冰箱冷藏，或是分成一餐餐的份量，用保鮮膜或夾鏈袋壓成扁平狀後放到冰箱冷凍，食用時直接用微波爐加熱就可以。避免直接取出餵食，長期下來，容易使毛小孩腸胃受寒，影響身體健康。

利用家裡吃不完的白吐司，變化一下主食！用麵包機或烤箱把吐司烤到有點微乾、微脆，然後切成麵包丁，搭配蔬菜肉類一起餵食，就是一道營養又美味的西式餐點囉！

從中醫觀點來看，吐司麵包是麥類製品屬陽性食材，對濕熱體質且有皮膚問題的狗狗來說很適合。但吐司麵包熱量較高，偶爾餵食就好。

自己烘零食

雞肉乾製作簡易，又能保持肉類的營養，可做為毛孩的健康零食。

如果平時能餵食營養充足的鮮食，不太需要再給毛小孩多餘的零食，而比起購買市面上大多摻有防腐劑或添加物的食品，飼主若能自製烘乾食物還是比較安全的。

我最常見到毛小孩家長提問：「應該烘多久才算完成？」還是要看烘製的食物而定，依據食材含水量高低、切整厚度及個人喜好的口感來作調整。一般烘乾時間至少需要4小時以上，食材水分含量越多，需要的時間就越長；溫度越低，時間也相對越久。

以毛小孩最愛的肉乾零食來說，可以在烘製時記錄食材的原始重量。譬如「雞胸肉片」，每100克雞胸肉水分為74.1克，所以烘100克的雞胸肉，建議溫度設定700W，大約烘製12-15小時，若秤重發現重量減少了74.1克，基本上就已經烘乾。雖然每次購買的雞胸肉可能含水量都不大一樣，而且在烘乾時不見得流失的重量只有水分，還是可以做為是否烘乾的基準。

肉品、魚類高溫烘製也不會影響肉品的品質，可減少細菌滋生；至於水果類食物，建議不要超過60℃，才不會破壞本身的維生素，保存原有的營養價值。

烘製各類食物前是否需要烹煮？

冬瓜、南瓜、地瓜、山藥、蓮藕等根莖類，一樣先洗淨去皮，然後切段切片，用開水或少許冰糖加水煮熟，再隔水瀝乾做烘乾。各式肉品如雞胸肉、牛肉、魚肉等也是先洗淨去皮去骨（魚肉可含皮，但要去鱗），然後切片或切條放入熱水煮熟或蒸軟，隔水瀝乾再烘乾；也可以將雞肉切薄片直接烘製。

將肉品或根莖類蔬菜先蒸軟或汆燙處理是因為可以停止酵素作用、抑制儲存期間的氧化，保存食物的最佳品質。烘製完成後記得要等到放涼再儲存起來，千萬不要在溫熱時就裝袋。

水果類如蘋果、香蕉、奇異果等水果類只要洗淨去核去皮去籽並切片，就可以直接烘製，如果擔心氧化可先浸泡於蘋果醋、檸檬水或鹽水。但餵食毛孩建議還是以新鮮水果為優先，畢竟水果烘乾甜度和熱量也會增加，多食無益。

保存方法：

1.將烘乾食品裝入塑膠保鮮袋或夾鏈袋，把空氣擠出密封，再放入玻璃罐或密封罐，置於乾燥、陰暗、涼爽的地方或放冰箱冷藏，可延長食物的保存期限。

2.容器外標示烘乾日期，提醒自己盡量在保鮮期內餵食完畢。

- **常見的狗狗烘乾食品含水量：**

品項／（100g水分含量／g）

去骨牛小排：63.182

牛肋條：63.29

牛筋：67.284

豬小里肌：72.786

豬皮：35.51

豬耳：61.49

去皮雞清肉：74.1468

去皮雞胸肉（肉雞）：77
清腿（土雞）：74.4
清腿（肉雞）：71.4327
雞胗（肉雞）：80.44
雞膝軟骨（肉雞）：75.5
鴨肉：61.395
火雞肉：72.3
紅鮭魚切片：69.583
鯛魚片（生）：74.7685
鯖魚（生）：45.24
山藥：77.8509
紅薯：76.489
胡蘿蔔：89.2882
白蘿蔔：95.1504

● 參考資料來源：行政院衛生福利部食品成分表

美味的日常鮮食

接下來的幾道食譜將依據中小型犬（5公斤以下）正常餵食量，分為各種體質適用和特殊體質症狀二大類分享給大家參考。如果家裡毛孩體型較大或活動量高，或是你想一次煮5-7天份量預先存放，還是有因為個人擅長喜好的肉類和蔬菜種類，都可以自己斟酌各材料和用量去作調整變化。

香菇白菜豬肉捲心麵

屬於十字花科類的白菜，台灣一年四季都可買得到，且價錢常常比高麗菜來得便宜又穩定。水分含量高且耐煮耐放，不僅可幫助抗癌、抗氧化，還可補鈣護眼，降體熱，補充維生素C等，不管搭配哪種肉類，都能發揮其加味、互補特性，也適合各種體質狗狗食用。選擇麵食取代米飯給毛孩，建議挑選白色麵條，如烏龍麵、家常麵、義大利麵等，並且是短麵或幫忙碎段，比較方便入口消化。

分量

2~3天份

材料

1.香菇3-4朵切碎
2.白菜洗淨切碎
3.枸杞少許
4.精瘦豬絞肉150-200克
5.義大利通心麵200克
6.鹽少許
7.橄欖油少許

做法

將水煮沸後放入通心麵，加入少許鹽，中間適量加水1-2次，讓麵熟軟。

在炒鍋放入豬絞肉炒熟並把多餘的油脂逼出，再放入白菜與香菇、枸杞拌炒。

加入3／4-1杯水（可使用量米杯），蓋上鍋蓋轉中小火，讓菜和香菇、枸杞熟透入味。

通心麵熟軟後關火，將麵瀝水撈起，加入少許橄欖油攪拌均勻。

約3-5分鐘打開鍋蓋，拌勻收點湯汁即完成，放涼。

黑木耳花菜馬鈴薯燉雞飯

花椰菜含豐富的維生素、礦物質，還有一般蔬菜缺乏的維生素K與類黃酮素，能有效對抗炎症保護關節，預防骨關節炎、退化、疼痛及骨質疏鬆。選購時挑選顏色新鮮、菜苞緊致、莖部無中空的。洗的時候可以利用水龍頭沖水，把菜蟲沖掉，再把菜花倒放，用水龍頭沖花莖部分，然後手抓倒立花莖在水裡轉一轉，倒掉水後反覆1-2次，或是用不要的軟牙刷，刷洗一下菜花，再順它菜花莖枝一個一個剝下來，撕掉莖皮烹煮，可以讓花椰菜口感更細嫩。千萬不要放在水中及汆燙過久，避免營養流失。

分量

2~3天份

材料

1.綠花椰菜1／2-1朵，洗淨去莖剝小朵備用
2.黑木耳3-5大朵切細碎
3.馬鈴薯2顆去皮切小丁
4.雞胸肉1-2塊或雞柳條4-5條切成肉丁或絞肉
5.食用油少許
6.剩飯適量（約1杯米量）

做法

在炒鍋中倒入少許油，將雞肉丁或絞肉炒熟。

放入黑木耳、馬鈴薯等拌炒。

加1.5杯（使用量米杯）水蓋鍋轉中火先將木耳、馬鈴薯煮熟軟。

約2-3分鐘打開鍋蓋並拌炒均勻，放入花椰菜。

花椰菜顏色變深綠後轉中小火，加入剩飯拌勻吸湯汁略收水。

約2分鐘即可關火完成。

營養低卡五色高麗菜捲

這是一道非常適合減肥，但兼具五行食療，十分清甜爽口且營養豐富的輕食概念。中醫把人和動物的主要內臟器官，依照自然五行相生相剋關係作對照，認為所有病因起源都是因為其一出0問題，導致對應的器官、情緒出現病症，因此可透過五色食物來保健養生。同時自製毛孩鮮食時，也可對應適合的五種料理方法來烹煮，以達調理制衡效用。中醫五行：木、火、土、金、水。中醫五臟：肝、心、脾、肺、腎。對應調理時節：春、夏、夏秋之際、秋、冬。食療五色：綠、紅、黃、白、黑。參考烹調五法：炒、煎、蒸、烤、煮。

分量

2~3天份

材料

1.切片鮭魚一片（也可改為紅蘿蔔丁或綠豆芽菜）
2.去皮去骨雞腿肉1-2只切肉丁
3.綠花椰菜一大朵洗淨後掰成小碎朵
4.南瓜或地瓜1／4或1／2份（或改為山藥或甜椒）切丁
5.完整高麗菜葉或大白菜葉6-8片（或改為直接使用蛋皮也可）
6.黑芝麻少許（或改為碎堅果）

做法

①鮭魚放平底鍋煎至兩面焦脆熟透後取出放涼。

②將高麗菜葉完整剝下洗淨，湯鍋水煮沸後加入少許鹽巴，高麗菜葉略微燙熟即可取出放涼。

③將雞腿肉丁炒熟，加入南瓜丁及小朵綠花椰菜略拌炒後，倒入1／4杯水燜煮至略微收水熟透撈出。

④用手小心地檢查取出魚刺並剝下鮭魚肉碎片。

⑤用刀將高麗菜葉粗莖切除。

⑥舀適量鮭魚肉片、雞腿肉丁、南瓜丁、花椰菜置葉菜中，以包春捲方式將料包捲起來。

⑦最後於春捲上撒上少許黑芝麻即完成。

南瓜毛豆豬肉飯

這道食譜雖然只有簡單三種材料，但營養十分充足。豬肉含有豐富的維他命B2，可幫毛孩碳水化合物代謝，維他命B1更是牛肉的10倍，尤其豬精瘦肉是比牛肉、羊肉更適合體溫較高、怕熱的狗狗幫助身體散熱。毛豆是優質的植物性蛋白質，維生素A、E較魚肉含量多，維生素C與B群含量尤其豐富。但要注意毛豆要煮軟，也別一次餵食太多易產生腹脹、消化不良，食材搭配上也要避免與動物肝臟類或魚肉一起餵食。

分量

2~3天份

材料

1.南瓜1／4或1／5顆，削皮去籽切小丁備用
2.毛豆仁50克
3.低脂豬絞肉（80%精瘦肉）一盒或150-200克

做法

炒鍋先放豬絞肉將肉炒熟逼出油脂。

放入毛豆仁與南瓜小丁略微拌炒，加入1／2-3／4杯水，轉中小火蓋上鍋蓋，將毛豆與南瓜略燉煮燜熟。

約2-3分鐘後聞到香味釋出，打開鍋蓋再攪拌均勻，可以試一下南瓜與毛豆仁是否已熟軟。

如已熟軟就再小火燉1-2分鐘讓湯汁略收即完成。

放涼後加入白米飯即可常溫餵食。

天津白菜炒雞腿

適合各種體質餵食的白菜，含有豐富的維生素C、E及水分，對毛孩皮膚保養及補充水分有很大幫助，特別適合容易咳嗽、便秘、腎病及體質偏熱的毛小孩。由於白菜比較耐存放，且性平味甘，熱量低但營養價值非常高，具有解熱、潤喉、清腸胃、解毒，以及緩解皮膚發癢發炎、體質偏熱等功能，無論搭配米飯和麵食味道都很百搭且方便。

● 分量

2~3天份

● 材料

1.天津白菜約 3-4片洗淨後切細段
2.紅蘿蔔1條去皮切碎丁
3.黑木耳2-3朵洗淨切掉蒂頭後切細碎
4.雞腿肉3片去皮去骨切雞丁
5.黑芝麻少許

● 做法

炒鍋預熱後放入雞丁翻炒熟。

放入切好的白菜、紅蘿蔔、黑木耳略微翻炒均勻。

倒入1／3-1／2杯水，蓋上鍋蓋略微燜煮2-3分鐘，中間可掀蓋翻炒一下均勻受熱。

看白菜變透或是白菜的甜味已釋出即可關火完成。

鮮蔬海帶芽牛肉飯

牛肉、羊肉等紅肉比較適合容易怕冷，容易受驚嚇、貧血等體質症狀毛孩，如果是體質濕熱，經常皮膚容易復發或耳朵出油的狗狗，可以改用雞肉或白色魚肉、豬精瘦肉取代牛肉。由於牛肉、羊肉本身肉質脂肪含量比白肉來得高，因此選購時盡量挑選精瘦肉質部位，烹煮時也可以省略用油，直接利用肉質本身油脂來做烹調即可。

● 分量

2~3天份

● 材料

1.紅蘿蔔1／2-1小根去皮切小丁備用
2.花椰菜1／2-1大朵洗淨去莖皮剝小碎朵
3.乾燥海帶芽適量泡水，軟化舒展後換水1-2次，再切細碎段
4.80%精瘦牛絞肉150-200克

● 做法

炒鍋放入牛絞肉先拌炒略熟。

放入紅蘿蔔丁、花椰菜小碎朵拌勻，倒入1／2-3／4杯水（可用量米杯）轉中小火燉煮。

約2-3分鐘聞到香味後，加入細碎段的海帶芽拌炒，繼續燉煮與收湯汁。

待1-2分鐘後試吃紅蘿蔔熟軟即完成。

放涼後加入米飯即可常溫餵食。

White Bread
As classic as it is delicious,
this bread is made with
the best butter and fresh milk.
croissant
scone

芹菜地瓜海帶糙米飯

芹菜清熱解毒，有助腸道消化吸收及生長發育，搭配香甜好吃的紅薯和海帶芽，能維持血管壁彈性，使壞膽固醇排出，且防癌效果好又能降血壓、防治腎功能衰竭等功效。另外糙米比白米含有更多營養素，熱量也比白米低，但對狗狗來說比較需要時間消化，所以建議偶爾替換白米即可並且要煮熟軟一些，也不宜和羊肉一起食用，因兩種蛋白質所需胃液分泌量不同，容易阻礙蛋白質消化，消化功能不佳者可以用白米或長秈米替換餵食。

● **分量**

2~3天份

● **材料**

1.地瓜1／2-1條去皮切丁備用
2.芹菜洗淨留下嫩葉切段
3.將乾燥海帶芽適量泡水，軟化後換水1-2次再切碎
4.精瘦豬肉或牛肉絞肉150-200克

● **做法**

用炒鍋先將絞肉炒熟逼出多餘油脂。

放入地瓜丁與海帶芽拌炒後加1杯水（使用量米杯）蓋上鍋蓋以中火燜煮。

約2-3分鐘後打開鍋蓋放入芹菜拌炒。

約1分鐘後待地瓜丁熟軟即完成。

放涼加入糙米飯即可在常溫餵食。

Food

肉絲豆干綠花飯

含豐富大豆蛋白質卻不含膽固醇的豆干，也能餵食毛孩入菜，有維生素B群及鈣、磷、鐵、鉀、鈉、胡蘿蔔素等多種成分，有助預防心血管，保護關節。因為豆干只要放室溫幾小時，就易腐壞出水，所以無論是否要當餐即食，都先用水煮滾熟透再做保存或料理最安全。烹調最好搭配肉類蛋白質食材一起，以提高其營養價值。另外豆干含高量普林，對痛風及尿酸過高和有甲狀腺問題，或有腎臟及泌尿相關疾病毛孩，不要每餐都餵或餵食過量。

分量

2~3天份

材料

1.滾水煮豆干2-3分鐘後撈起放涼切小丁
2.鮮香菇3-5朵切細碎備用
3.花椰菜1／2-1大朵洗淨去莖皮剝小碎朵
4.豬肉絲或牛肉絲、羊肉絲150-200克

做法

炒鍋放入肉絲先炒熟。

放入香菇與花椰菜、豆干丁一起拌炒。

加入1／2杯水（使用量米杯）加速香菇與花椰菜熟軟。

約2-3分鐘聞到香味後或試吃熟度，中小火略收湯水即完成。

彩椒時蔬炒魚鬆 

因為本身略具甜味，有助提升食慾的甜椒有綠、黃、紅等三色，營養含量雖略有不同，但維生素C及水分含量都很高，是兼具皮毛保護、有助通便的蔬果，但對於平常就容易軟便、腹瀉的毛孩，則盡量控制量或少量餵食。選購的時候可以觀察甜椒蒂頭，分成五角形和六角形兩種，蒂頭呈現六角形的品種通常甜度較高，口感較好，營養含量也會比較豐富喔！

● 分量

2~3天份

● 材料

1.彩色甜椒1顆洗淨去籽切碎丁
2.黑木耳2-3大朵去蒂切細碎
3.紅蘿蔔1小條去皮切小丁
4.豌豆苗一大把切小段
5.台灣鯛魚片去刺2大片
6.食用油少許
7.水少量

● 做法

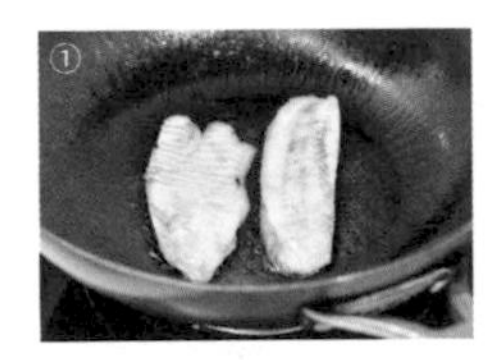

炒鍋或平底鍋放入少許油先煎鯛魚片成熟上色。

將魚片取出備用，原鍋放入紅蘿蔔、黑木耳先過油拌炒略熟。

加入甜椒與豌豆苗後，加少量水降溫催熟、增加含水量。

將魚片用叉子弄成魚肉鬆後，倒入鍋中略拌炒均勻即完成。

餵食時可適量加入米飯或直接餵食。

香煎雞丁松菜雪菇溫沙拉

這是一道類似溫沙拉概念的簡單料理，由於生菜沙拉不適合虛寒體質食用，加上小松菜適合稍微汆燙或拌炒才能保存營養，雪白菇也是易熟的食材，剛好都可利用煎雞腿肉產生的油脂來過熟加溫。口感有點苦味，也是屬於十字花科的小松菜，鈣質含量是綠色蔬菜之冠，兼具消炎、抗氧化、提升免疫力，搭配富含維生素D的菇類，幫助去苦味的蘋果來平衡，並利用白吐司補充熱量和飽足感，非常適合各種季節、體質或需要減重的毛孩餵食。

分量

1餐份

材料

1.小松菜洗淨切小段備用
2.雪白菇去蒂後切細碎
3.去皮去骨雞腿1隻切肉丁
4.白吐司去邊1／2-1片切成麵包丁
5.蘋果丁少許
6.芝麻少許

做法

①炒鍋或平底鍋放入雞腿肉丁先煎熟微上色。

②雞肉熟透後撈起備用，原鍋放入小松菜、雪白菇略拌炒熟。

③加上蘋果，最後倒入麵包丁吸取殘留雞腿油脂與營養。

④碗內放入所有材料，最後鋪上雞腿肉丁。

⑤撒上少許芝麻即完成。

雙色魚片豌豆苗蓋飯

顏色鮮綠小小的豌豆苗，是不需要土壤栽種的有機蔬菜之一，含有極高的鈣質、維生素B群、葉酸及礦物質等，具利尿、止瀉、消腫、止痛和助消化等作用，是一種營養密度高的銅板美食。豌豆苗大多用來入湯、做生菜沙拉或蔬果汁，但很多人不喜歡其略具草味口感，其實只要略過油就可去掉這個味道，還可有助β胡蘿蔔素吸收利用。

分量

2-3天份

材料

1.紅肉鮭魚片2-3片
2.白肉旗魚或土魠魚片2-3片
3.豌豆苗少許切碎
4.紅蘿蔔丁少許
5.茭白筍丁少許
6.五穀米飯或白米飯適量
7.食用油少許

做法

在炒鍋放少許油，先將魚片煎熟取出。

放入紅蘿蔔及茭白筍丁炒熟撈起。

用剩餘的油拌炒豌豆苗5秒即可舀出。米飯鋪上雙色魚片，周圍擺上紅蘿蔔丁及茭白筍丁。並將豌豆苗放在雙色魚片上即完成。

ID TO ALL
ND TO NONE
KNOWLE
LIVE

鮭魚蛋皮蒲瓜蓋飯

蒲瓜又叫葫蘆瓜、瓠子、扁蒲，是台灣四季非常常見又便宜的瓜果之一。其性平味甘，能清心潤肺利水通腸，豐富的營養能提高毛孩身體抗病毒能力，維持皮毛，保護眼睛。由於和絲瓜一樣烹煮時會自然出水、鮮甜，料理時可用炒鍋加點水燜煮，或利用電鍋來蒸煮保留原汁原味，特別適合食慾不佳、挑嘴，不愛喝水的毛孩。

• 分量

2~3天份

• 材料

1.去皮切片鮭魚一片
2.雞蛋2顆
3.蒲瓜1／2或1／3顆削皮切細丁或細條
4五穀米飯或白米飯適量
5.太白粉一小匙
6.水少許

• 做法

①平底鍋或炒鍋放入切片鮭魚雙面煎熟後取出。

②雞蛋放入碗中攪拌均勻，將太白粉加少許水倒入蛋液中攪勻。

③將蛋液倒入鍋中，拿起鍋子輕輕旋轉，將蛋液平均鋪滿，轉中小火後將蛋液煎熟。

④當蛋皮中心漸熟且外緣略微翹起，即可取出放涼。

⑤原鍋放入蒲瓜，加少許水蓋上鍋蓋燜煮熟。

⑥將鮭魚肉片中魚刺取出，撕成碎魚片。

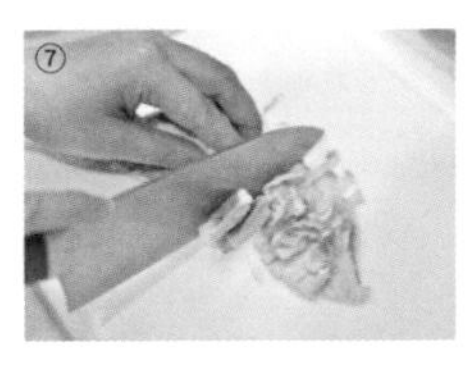
⑦將蛋皮切成小條或段狀。

⑧在米飯鋪上魚片和蒲瓜，最後擺上蛋皮即完成。

黑木耳青菜玉米筍雙拼肉

青江菜纖維細嫩，適合各種體質毛孩，含豐富維他命C、鈣質及葉酸，能維持牙齒、骨骼強壯，幫助防癌、預防老化、滋潤皮膚，對眼睛的保養上也有極佳的幫助。特別提醒，青江菜接近根部的葉柄內處容易藏汙納垢、殘留農藥，最好把葉子一片一片剝下用手搓洗葉柄，務必使用多次「水沖」法水洗乾淨，烹煮加熱時也不要蓋上鍋蓋燜煮，讓農藥隨水氣蒸發掉，才能吃得安心又營養。

● 分量

2~3天份

● 材料

1.黑木耳洗淨去蒂切細
2.青江菜洗淨切碎
3.玉米筍洗淨切小片
4.雞絞肉70-100克
5.精瘦豬絞肉70-100克
6.五穀米飯或白米飯適量

● 做法

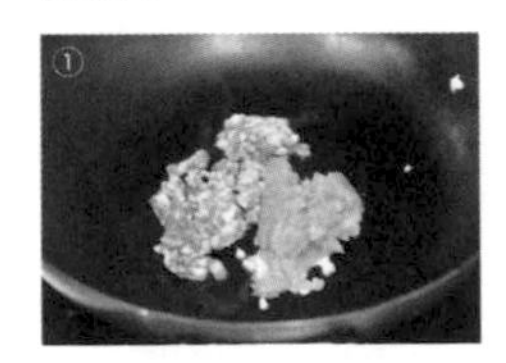

①在炒鍋放入豬絞肉和雞絞肉炒熟。

②放入黑木耳、青江菜及玉米筍拌炒。

③加入1／2杯水（使用量米杯）燉煮約3-5分鐘，黑木耳熟軟即完成。並放入適量米飯拌勻，在常溫中餵食。

番茄甜豆杏鮑菇雞肉飯

爽口清甜的甜豆含多種必需氨基酸及營養，比大豆蛋白還容易消化的蛋白質，熱量也低，可幫助食欲。但所有豆類食物如甜豆、青豆、綠豆、紅豆、黃豆等，都必須每餐控制餵食量且煮軟熟些，避免吃多脹氣不舒服，或是消化不良。另外如果發現餵食後比較容易軟便、顏色變綠等都是正常現象，只要不是拉稀水便，都可以再觀察減少餵食量方式來調整。

● 分量

2-3天份

● 材料

1.牛番茄洗淨去蒂去籽切小丁
2.甜豆莢去蒂切小段
3.杏鮑菇切小丁
4.雞絞肉或雞胸肉切小丁
5.食用油少許
6.五穀米飯或白米飯適量

● 做法

在炒鍋中放少許食用油，和雞絞肉拌炒。

放入切好的番茄、甜豆筴、杏鮑菇拌炒。

倒入1／2-3／4杯水轉中小火蓋上鍋蓋加速燜煮。

約2-3分鐘後打開鍋蓋收湯汁即完成。

放入適量米飯拌勻，在常溫中餵食。

豆腐枸杞牛肉飯

像豆腐、豆干的豆類製品，營養成分不輸肉類，又不含膽固醇與脂肪，對毛孩來說，除了有助預防心血管疾病和肥胖，豐富的大豆卵磷脂，對皮毛和生長發育也很有幫助。不過切記還是要掌握適量原則，不宜一次或短時間內餵食過多，避免腹脹、腹瀉等情形，另外有尿酸問題的毛孩，也要少量或避免。烹煮時的食材搭配上，由於豆腐性涼，最好搭配溫性食材相互平衡一下。

• 分量

1天份

• 材料

1.黑木耳洗淨去蒂切細
2.枸杞泡水洗淨
3.傳統板豆腐1/2-1塊切塊
4.精瘦牛絞肉50-80克
5.五穀米飯或白米飯適量

• 做法

在炒鍋放入牛絞肉炒熟並把多餘的油脂逼出。

放入黑木耳和枸杞拌炒。

加入1／2-1杯水，蓋上鍋蓋轉中小火燉煮。

約2-3分鐘，打開鍋蓋放入豆腐塊拌炒收湯汁，約1分鐘即可關火。

放入適量米飯拌勻，在常溫中餵食。

胡瓜高麗菜枸杞雞腿飯

胡瓜、高麗菜都是在台灣市場隨時隨地買得到的在地食材，高麗菜更是適合各種體質餵食的天然腸胃保健品，從中醫角度看，還有顧筋骨效用，就是因為其富含維生素K，可幫助維生素D和鈣質營養吸收。市售高麗菜另外還有紫色品種，又稱紫甘藍，營養上多了花青素抗氧化效果，可是口感上較偏硬脆。高麗菜雖然可以生吃，但餵食毛孩盡量還是煮過後比較不會偏寒。

● 分量

2-3天份

● 材料

1.雞腿2-3隻去皮去骨切成丁
2.胡瓜1／2條削皮切小丁
3.高麗菜葉4-5片，洗淨切碎
4.枸杞適量略泡水洗淨
5.五穀米或白米飯適量

● 做法

在炒鍋放入雞腿丁炒熟並把多餘的油脂逼出。

再放入胡瓜丁與高麗菜、枸杞拌炒。

加入1杯水（使用量米杯）蓋上鍋蓋轉中小火，加速熟軟。

約2-3分鐘打開鍋蓋拌炒均勻再收湯汁即完成。

放入米飯拌勻，在常溫中餵食。

海苔秋葵甘藷雞丁飯

市售海苔粉有分調味和無調味二類，想要餵食毛孩偶爾添加在鮮食中，盡量挑選無調味海苔粉，才不會有添加物及調味過重疑慮。尤其最近衛福部抽驗不少賣場銷售的調味海苔粉，有許多包括進口品牌都有添加違規成分如糖精等，可能危害人體健康。由於秋葵、地瓜都是有助通便效果食材，如果家中毛孩腸胃比較纖弱，可以將其一改為其他蔬果來代替。

● 分量

2-3天份

● 材料

1.秋葵6-8根洗淨去蒂切片
2.甘藷1/2-1條削皮切丁
3.雞胸肉1-2片或雞柳條5-6條切小塊
4.海苔粉適量
5.食用油少許
6.五穀米或白米飯適量

● 做法

在炒鍋倒入少許食用油，放入雞肉丁拌炒。

放入甘藷丁和秋葵片拌炒。

加入1／2-3／4杯水，以中小火燉煮。

約2-3分鐘後，等甘藷熟軟收湯汁即完成。

放入適量米飯拌勻，撒上海苔粉即可。

黑芝麻吻仔魚胡瓜雞蛋飯

吻仔魚含有蛋白質、礦物質等多種營養成分，由於體積小，如果高溫拌炒容易流失營養，建議多以煮粥煮湯或低溫烹調料理餵食。不過現在也有許多生態學家提倡別吃吻仔魚，給小魚仔們和海洋食物鏈留條生路，所以也可以把吻仔魚改成其他魚肉如鯖魚、秋刀魚、沙丁魚、台灣鯛（吳郭魚）等，只要注意魚刺清理乾淨，都是兼顧食物安全、生態環保和營養非常好的替代選擇。

● 分量

2~3天份

● 材料

1.吻仔魚洗淨瀝水
2.胡瓜削皮1／2條切小丁
3.紅蘿蔔削皮切小丁
4.水煮雞蛋去殼2顆切碎
5.已炒熟黑芝麻適量
6.食用油少許
7.五穀米飯或白米飯適量

● 做法

在炒鍋倒入少許食用油，將紅蘿蔔丁炒熟後，放入吻仔魚和胡瓜丁拌勻。

加入1／2杯水蓋上鍋蓋，加速胡瓜熟軟。

約2-3分鐘後打開鍋蓋，等胡瓜與紅蘿蔔丁熟軟即可收湯汁關火。

放入米飯拌勻後撒上雞蛋與黑芝麻，在常溫中餵食。

櫛瓜牛肉拌紅豆薏仁

以往在歐美比較常料理使用的櫛瓜，現在台灣的賣場市場也很容易買得到。色彩亮麗的櫛瓜其口感卻不如外表上鮮明，拿來搭配味道較重的牛肉、羊肉或海鮮，營養互補又不搶味，兼具熱量平衡。櫛瓜和小黃瓜一樣洗淨切片即可不用削皮，紅豆薏仁及牛肉都能幫助補血補氣，加上熱量足夠，所以可不用再添加米飯等直接餵食毛孩。這道尤其適合母犬或膽小、怕冷的狗狗，既補血又兼具保養皮毛功效。

分量

2~3天份

材料

1.紅豆薏仁洗淨泡水30分鐘-1小時
2.高麗菜3-5大片洗淨切碎
3.櫛瓜或小黃瓜1根洗淨切小丁
4.精瘦牛絞肉150-200克

做法

在電鍋外鍋放2杯水（使用量米杯），將浸泡後的紅豆薏仁放入電鍋蒸煮。

在炒鍋放入牛絞肉或牛肉片炒熟，逼出多餘油脂。

放入高麗菜與櫛瓜丁拌炒。

倒入1／4-1／2杯水轉中小火拌炒，約2-3分鐘櫛瓜熟軟即完成。

待電鍋開關跳起，撈出部分紅豆薏仁放入玻璃保鮮盒放涼，其餘的可加入紅糖調味自己吃。

將紅豆薏仁拌入菜肉中，常溫餵食。

ABC
Book

蓮藕山藥排骨燉湯

時序進入夏末秋初，最適合加入這道補血補氣湯品，為毛孩稍微清補一下。夏藕口感較脆不同秋藕口感鬆軟，以中醫觀點來看，蓮藕煮熟後屬性由寒轉溫，可健脾養胃、補氣養血，尤其適合高血壓、肝病、食欲不振、貧血、營養不良的毛孩食用。選購時盡量挑選身形飽滿，孔洞大，外表無傷口為佳，也不要選擇顏色太白淨可能經過漂白疑慮。

分量

2~3天份

材料

1.蓮藕洗淨削皮切片
2.山藥洗淨削皮切塊
3.紅蘿蔔削皮切塊（或改成枸杞適量）
4.排骨（可選購軟骨、頸骨肉多部位）10-12塊
5.豬肋骨或豬龍骨洗淨適量（熬湯底）

做法

1.在鍋內放入水6-7分滿，以大火煮沸。

2.加入所有豬排骨煮出血水後撈除殘沫（或另外換鍋水續熬）。

3.放入蓮藕、山藥、紅蘿蔔轉中小火慢慢燉煮1-1.5小時，期間可適量加水煮爛排骨。

4.期間可用筷子戳排骨，如果容易肉骨分離、紅蘿蔔熟爛即完成。

5.先取出部分軟骨、頸骨等肉多排骨，撕下肉片及適量紅蘿蔔、山藥、蓮藕弄成小塊，加入點白飯拌勻後，淋上少許湯汁即可在常溫中餵食。

● 餵食時要記得去皮去骨

枸杞小米粥

小米是五穀雜糧中「唯一」的鹼性食物，維生素B1和含鐵量極高，也是一種低過敏性蛋白，非常適合老弱毛孩幫助養心安神、滋陰補血、恢復體力。可單獨煮熬成小米粥，或添加大紅棗、紅豆、地瓜、蓮子、山藥等，熬成風味各異的營養粥。對缺血、貧血的毛孩，可加入適量的紅糖幫助滋陰補血。也可取代米飯，加入汆燙或烹煮的肉類和蔬菜，當作主餐餵食。對患有膀胱草酸鈣結石，驗尿偏酸的毛孩，小米可以幫助牠們改善結石體質，酸鹼中和。

● 分量

2~3天份

● 材料

1.小米1杯

2.玉米胚芽粒1／5杯（增加甜度與黏滑性）

3.枸杞少量

4.水10杯

● 做法

1.先用濾勺略微清洗小米後濾水待用。

2.玉米胚芽粒加入少量水浸泡。

3.枸杞洗淨濾乾待用。

4.水先煮滾後，放入小米轉中小火燉煮開。

5.倒入加水浸泡的整杯玉米胚芽粒略微舀散，再放入枸杞一起小火燉煮。

6.約煮20-30分鐘，試舀起一杓放入碗中可以均勻滑開即完成。

紅棗山藥黃金湯

對高齡犬、生病術後、長期體質纖弱、營養不良的毛小孩來說，是非常有幫助的一道補血益氣餐。這個做法的好處是還可以順便把五花肉拿出來，放涼切片和家人多一道菜可吃，而且湯頭會因為五花肉一起熬煮變得更豐厚滑順，營養香氣更十足。由於經長時間燉煮後，五花肉脂肪會減少三分之一到二分之一，膽固醇含量大大降低，或是也可改放豬排骨、大骨來熬煮，絕對都比只放雞腿煮出來的湯更濃！

分量

2~3天份

材料

1.日本山藥一條
2.土雞腿一大隻切塊
3.豬五花肉一條
4.大紅棗8-12個
5.枸杞一把

做法

1.湯鍋加入七分水燒開後放入雞腿塊和豬五花肉。

2.將血水雜質和浮油撈起數次後，繼續中小火燉煮15-30分。

3.日本山藥削皮後切塊，連同大紅棗、枸杞加入湯鍋一起熬煮20-30分。

4.如湯量減少可視情況加入米酒或開水補充，繼續再燉煮。

5.煮至湯色變金黃即完成。

6.放涼後取出適量雞肉、豬肉和山藥、枸杞、紅棗（去籽）及高湯，搭配少量米飯常溫餵食。

●餵食時要記得去皮去骨

當歸補血燉雞湯

中醫認為雞肉溫中益氣、補虛損，烹煮上公雞、母雞也各有巧妙及風味。公雞因有壯陽和補氣，溫補作用較強，適合陽虛或術後體虛的毛孩；母雞益氣養血、健脾補虛，蛋白質含量比例較公雞來的高且種類多，容易被吸收利用增強體力，尤其適合陰虛、氣虛的毛孩，或是體虛的老弱犬。也因為母雞脂肪較多，肉中的營養容易溶於湯中，燉出來的雞湯味道更鮮美濃郁。

● 分量

2~3天份

● 材料

1.母土雞半隻切塊
2.豬排骨或大骨
3.當歸一片
4.淮山30克
5.黃耆30克
6.乾蓮子30克
7.蔘鬚7-10克
8.大紅棗8-10粒
9.枸杞適量

● 做法

1.將大骨或豬排骨和雞肉塊汆燙去血水，所有藥材洗淨，將黃耆和蔘鬚放入濾袋中備用。

2.湯鍋加入八分水煮沸後加入雞肉和大骨及所有藥材，轉小火燉煮2-3小時即完成。（燉煮過程中如湯水量減少可自行加入開水繼續煮）

3.待涼後可取適當餵食量的雞肉和高湯，拌米飯常溫餵食。

● 餵食時要記得去皮去骨

Coffee Drinks
Stake a Claim
Do you know

柴胡肉片大骨粥

形如小樹枝的柴胡屬於常用中藥一種，有清熱及紓解肝膽鬱結、抗炎抗疾功效。味甘的柴胡煮起來沒有什麼中藥味，非常適合搭配各式食材料理一起烹煮成湯或茶飲用。中獸醫門診上經常會針對有肝鬱症狀嚴重，如身體肝、心火過旺，且脈玄血虛，指甲脆容易分岔，怎麼吃也不容易胖的毛孩，建議搭配〈柴胡疏肝湯〉科學中藥粉來做舒緩治療。秋冬自製毛孩鮮食，也可去信任的中藥行或南北貨，採買回來搭配食材調養體質，提升元氣。

分量

2~3天份

材料

1.柴胡10-15克洗淨後裝入濾袋
2.豬大骨或牛羊大骨適量
3.精瘦豬肉片150-200克
4.白米或圓米1杯

做法

1.湯鍋加入八分水燒開後放入大骨熬煮30-45分鐘製成高湯底。

2.放入1杯米和柴胡濾袋，轉中小火慢慢續煮成粥。

3.期間偶爾要翻攪一下鍋中白米避免黏鍋或受熱不均勻。

4.粥成形後加入豬肉片煮熟。

5.待肉片熟透後即可關火完成。

6.先舀出部分肉粥放涼後，常溫餵食毛孩。

● 最好不要拿大骨餵食毛孩

柴胡蓮子雞湯

市售蓮子有分新鮮和乾燥類二種，同時也有分含綠芯和去芯。由於含芯蓮子比較苦、比較寒，在中醫食療上多是肝氣鬱特別嚴重、火氣特別大才會建議挑選含芯蓮子餵食。毛孩一般體質或考慮好入口，還是挑選去芯乾燥蓮子來烹煮比較美味、安全。由於蓮子富含維生素B群等營養，可維持神經系統正常運作，也是天然的毛孩抒壓食品，可幫助鬆弛神經，緩和情緒，減緩癲癇肌肉收縮不適。

分量

2~3天份

材料

1.放山雞腿二大隻切塊去血水
2.去芯乾燥蓮子100-150克
3.柴胡20-30克洗淨後裝入濾袋
4.枸杞適量
5.紅棗適量

做法

1.湯鍋放入八分水煮沸，放入雞腿塊去血水雜質和浮油。

2.加入柴胡濾袋轉中小火約10-15分鐘。

3.再加入蓮子、枸杞、紅棗，放入電鍋中（外鍋2杯水）燉煮。

4.電鍋跳起即完成。

5.先舀出部分肉湯放涼後，常溫餵食毛孩。

● 餵食時要記得去皮去骨

何首烏藥膳雞湯

何首烏性微溫味苦甘，對毛孩子來說最適合入冬搭配食材調理體質，具有補血亮毛、治皮膚搔癢功效。尤其像吉娃娃、馬爾濟斯、貴賓、博美、約克夏等這一類小型犬，比較易有毛量稀疏、皮膚乾燥或脫屑、指甲易分岔、容易心悸心慌而懼怕聲響等體質症狀，可以幫助滋補陰血。或是毛孩身上有疼痛、腫瘤等情形，容易情緒緊繃、皮膚容易出現瘀斑黑斑，都有其幫助。

● 分量

2~3天份

● 材料

1.當歸、川芎、党蔘、黃耆各三錢
2.炙甘草一錢半
3.黃精、麥門冬、人蔘各二錢
4.炙何首烏、枸杞各五錢
5.大棗12粒
6.半隻雞或放山雞腿二大隻切雞塊

● 做法

1將所有中藥材洗去土砂，放入耐煮濾袋中。

2.起一鍋八分滿的水煮滾後，將雞腿塊或雞腿煮熟並撈去血塊渣。

3.放入中藥材濾袋和大棗、枸杞，用中小火煮15-20分鐘，再轉小火熬煮1-2小時，或是直接放入電鍋中（外鍋2杯水）燉煮即可。

4.電鍋跳起即完成。

5.先舀出部分肉湯放涼後，常溫餵食毛孩。

● 餵食時要記得去皮去骨

In Belg
Perfecti

百合蓮子綠豆湯

百合味甘微苦、性平，入心、肺經。市售百合有分新鮮和乾燥二種，餵食毛孩要使用乾燥百合比較安全溫和些，避免新鮮百合引起身體不適。選購時盡量挑外貌白裡帶黃，不要過白的避免過度加工處理危害。百合可入菜一起烹煮，或是搭配小米、綠豆、紅豆、蓮子等一起煮成湯品點心降火氣。對於脾胃不佳，經常糞便不成形，或容易身體過敏的毛孩則不適合食用。

分量

2~3天份

材料

1.綠豆300克
2.乾燥無芯蓮子100克
3.乾燥百合20-30克（避免使用新鮮百合，較具毒性和刺激）

做法

1.將綠豆、蓮子及百合洗淨後，將豆和水以2：8比例放入電鍋（外鍋2杯水）燉煮。

2.舀出放涼，在常溫中餵食。加點紅糖的話可以自己吃。

3.將綠豆蓮子加入肉菜飯一起餵食亦可。

Delicious

銀耳蓮子枸杞湯

市售白木耳有乾燥和新鮮二種，大多新鮮白木耳多台灣本土產，所以價格會比乾燥大陸進口白木耳價格高些。雖然營養功效一樣，但乾燥白木耳烹煮前務必先用涼水泡發後，再清洗幾次去掉雜質。銀耳素來就有植物性燕窩美稱，富含多醣體及氨基酸，這道家常的養生湯品，對毛小孩來說，不僅益心補腎、潤肺止咳、益氣活血，還可照顧肝臟及骨骼關節，提升免疫能力，達到潤澤皮毛效果。

分量

2~3天份

材料

1.乾燥銀耳泡水洗淨後切碎（新鮮白木耳約250-300克）
2.乾燥去芯蓮子50-100克
3.枸杞約10-15克略泡水洗淨
4.乾燥大紅棗6-8顆洗淨
5.紅糖少許（或不放糖）

做法

1.**使用電鍋：**將切碎的銀耳、蓮子、枸杞放入加水至7-8分滿，電鍋外鍋倒入2杯水（使用量米杯）。

2.電鍋開關跳起後，加入少許紅糖調味即完成（少量紅糖有助毛小孩氣血循環，如果糖放多太甜可加點飲用水稀釋）。

3.**使用湯鍋：**在鍋內加水至8分滿煮滾，將銀耳、蓮子、枸杞放入，待水煮滾後轉中小火，期間可適量加點水繼續燉煮。

4.湯鍋燉煮約20-30分鐘，銀耳軟熟或是湯汁有點變稠，加適量紅糖後再稍微燉煮讓糖均勻化開，關火完成。

5.要留意紅棗需去籽，在常溫餵食。

NEW YORK
AVENUE
AND 37TH STREET
Fulton St
New York
199
Dept. J
Fourth
Avenue,
I NY
ADDRESS
Liberty Island

杏仁南瓜軟餅

市面上常見的杏仁依產地多分為大陸及美國進口二種，通常在南北貨或是中藥店買的都是大陸進口多，量販賣場的則多是美國進口。杏仁含有豐富的營養素及單元不飽和脂肪酸、鎂、鋅、鉀等，尤其維生素E是其他堅果類的10倍以上，可幫助毛小孩抗氧化、抗癌、抗老化，預防心血管疾病。現在流行減醣烘焙，這款軟餅利用南瓜富含水分、甜度足，製作上刻意減量使用麵粉，讓餅乾保持濕度與營養，才能吃到健康，不用擔心發胖！

分量

2~3天份

材料

1.南瓜1／2顆去皮去籽切片
2.低筋麵粉或全麥麵粉50-70公克過篩備用
3.鮮奶5毫升（或省略）
4.無調味熟杏仁片70-80克
5.烘焙紙2大張

做法

利用電鍋（外鍋1-1.5杯水）將南瓜片蒸熟（或是改以隔水加熱方式8-10分鐘蒸熟）。

趁熱使用湯匙將蒸好的南瓜片壓成泥狀。

漸進式加入過篩低筋麵粉或全麥麵粉攪拌均勻。

倒入鮮奶提香增加營養拌勻，麵糊用湯匙舀起不會滴下，如果會就可慢慢加點麵粉增加黏度。

加入熟杏仁片拌勻，用湯匙舀小量混合麵糊，一次一匙慢慢平鋪在烤盤烘培紙上（麵糰與麵糰之間要保持一些距離）。

烤箱上下170度預熱5分鐘，放入烤箱，上下火180度先烤15-20分鐘，再視外表上色及熟成情況，加烤5分鐘即完成。

取出烤盤放涼即可食用。

枸杞菊花飲

近來連歐美也興起熱愛枸杞養生，因為其所含營養與抗氧化效果，遠超過許多食材。從中醫來說，枸杞具滋補肝腎、明目安神功效，菊花也有去風熱、養肝明目調理作用，對於許多毛孩因為體熱、眼疾，容易造成淚痕、火氣大，或是有眼睛方面問題，可以試著自己煮枸杞菊花飲，兼具保健調養。如果毛孩因為無味道不願飲用，可適量加入少許冰糖一起煮，或飲用前加一點蜂蜜調味，提高飲用興致。

● **分量**

2~3天份

● **材料**

1.菊花30-40克
2.枸杞20克
3.水1000-1200CC
4.冰糖少許（可省略）

● **做法**

1.將菊花枸杞清洗後，先過熱水一次去殘留農藥，再把菊花放入濾袋備用。

2.水煮開後放入枸杞與菊花濾袋一起煮10-15分鐘。

3.最後加入少量冰糖調味煮化。

4.放涼常溫給毛孩當飲用水補充。

●餵食時要記得將花去除。

寵物常見七大體質及營養建議一覽表

多為年老或病癒術後,有慢性疾病犬貓,
易精神不振,疲倦無力(容易玩一下就累)
嗜睡,容易軟便或得到呼吸道疾病,
易患皮膚病,叫聲低微,部分食慾不振

血鬱

可能出現身體疼痛,腫瘤疾病,
容易情緒緊繃,燥動,皮膚容易出現瘀斑黑斑,
舌頭顏色偏黯紫或可能有瘀點,
毛質稀疏或是不易長毛,掉毛

陽虛

四肢末端摸起來冷感,容易軟便(不會很臭),
水腫,漏尿,後半身疼痛或無力,食慾不佳
多為重症或慢性病中後期病程

氣鬱

多為情緒壓力引起焦慮,
性格敏感多疑,食慾不佳,
有嘔吐,分離焦慮症,
肝氣鬱症狀造成過度興奮,
具有侵略性等症狀

陰虛

容易疲倦,口渴,身體有低熱(摸起來有點熱熱的),
容易煩燥,尿液通常偏黃,喜歡趴磁磚或是吹風等涼快的地方,
睡眠品質不佳,老年病和慢性病皆有相關

濕熱

多為有長期皮膚問題犬貓,
耳朵容易出油,皮膚容易發炎感染及復發,
運動不耐,遇熱易喘性情急躁,
常感口乾,口臭或身體有異味,
容易便秘或大便黏滯,小便顏色深

舌頭蒼白且細小,毛量稀疏,皮膚乾燥或脫屑,
指甲易分岔,容易心悸心慌而懼怕打雷或鞭炮聲,
腳掌肉墊龜裂乾澀,部分皮膚搔癢脫毛增厚

狗狗鮮食適性表

- ✓ 有變胖或易胖體質
- ✓ 有營養或消化吸收不良問題
- ✓ 長期只吃乾糧狗狗
- ✓ 中高齡期愛犬
- ✓ 正在生病醫療或有挑食習慣問題
- ✓ 牙齒狀況不佳或平常有吃濕糧罐頭
- ✓ 懷孕母犬或正值成長幼犬
- ✓ 想改善問題體質、增強免疫力
- ✓ 給牠最新鮮天然的營養與健康
- ✓ 平常沒有吃營養補給品習慣者

狗狗必需六大營養素一覽表

六大營養素對寵物的主要作用？

水
生命維持
幫助代謝

最佳食材建議
乾淨飲用水

碳水化合物
熱量源
維持腸道健康

最佳食材建議
白米、糙米、雜糧、根莖類瓜果蔬菜（南瓜、地瓜、山藥、蘿蔔）植物纖維蔬菜等

脂肪
生理作用
(荷爾蒙、皮毛、細胞膜)
熱量源

最佳食材建議
植物油、魚油、堅果、肉類脂肪、調和油

蛋白質
身體組織構成
(皮毛、免疫、細胞、酵素)
熱量源

最佳食材建議
雞腿肉、牛肉、豬瘦肉、白肉魚、鮭魚、植物性蛋白如毛豆

維生素
身體調節
疾病免疫力

最佳食材建議
深綠葉菜、十字科蔬菜、水果、魚肉、奶蛋

礦物質
身體調節
疾病免疫力

最佳食材建議
蔬菜、雜糧、少量肝臟、海藻類、堅果

毛孩常見健康問題表

現代狗狗最容易發生的健康問題

甲狀腺
機能異常

心血管
疾病

關節性
疾病

腎臟
疾病

過度
肥胖

乳腺等
腫瘤

皮膚病

營養
不良

泌尿和
腸胃問題

免疫力
減弱

狗狗便便觀察表

如何確認飲食是否適合愛犬?

狗狗的便便是健康的指標!從吃下的食物是否完全被身體所吸收，
或者是否合適，藉由便便即可略知一二喔!

- 便便成形，且量不多 → **食物充份地被消化與吸收了**
- 便便軟散，量較多 ‥→ **纖維和湯水可能過多或適應鮮食中**
- 腹瀉，水便 ‥‥‥‥→ **食材不合適或腸胃問題或生病**
- 便便又臭又黑 ‥‥‥→ **肉類過量或乾糧問題或肝火旺**
- 呈現有色便便 ‥‥‥→ **給過多有色食材如青豆南瓜或潔牙骨**
- 具有光澤軟便 ‥‥‥→ **食物脂肪量過多或乾糧過油**

01
動物西醫
Veterinary
02
動物中醫
Oriental Medicine
They are Family
NCPHD
全方位寵物照護
Holistic Pet Care
03
動物心理
Animal Psychology
寵愛自己也寵愛牠，分享健康分享愛。

國家圖書館出版品預行編目資料

我家狗狗吃得比我好 / 陳蓁著
-- 初版 . -- 臺北市 : 平裝本 , 2018.2
面 ; 公分 . --（平裝本叢書 ; 第 0459 種）
(iDO ; 91)
ISBN 978-986-95699-3-4(平裝)

437.354 107000361

平裝本叢書第 0459 種
iDO 91

我家狗狗吃得比我好

作　　者 —陳蓁
發 行 人 —平雲
出版發行 —平裝本出版有限公司
台北市敦化北路 120 巷 50 號
電話◎ 02-2716-8888
郵撥帳號◎ 18999606 號
皇冠出版社（香港）有限公司
香港銅鑼灣道 180 號百樂商業中心
19 字樓 1903 室
電話◎ 2529-1778　傳真◎ 2527-0904
總 編 輯 —許婷婷
責任編輯 —平　靜
美術設計 —嚴昱琳
著作完成日期— 2017 年
初版一刷日期— 2018 年 2 月
初版三刷日期— 2022 年 4 月
法律顧問—王惠光律師

讀者服務傳真專線◎ 02-27150507
電腦編號◎ 415091
ISBN ◎ 978-986-95699-3-4
Printed in Taiwan
本書定價◎新台幣 380 元 / 港幣 127 元